智能车编程入门

——基于蓝宙图形化编程平台

张中华　叶　琪　闫　琪　编著

北京航空航天大学出版社

内容简介

本书以任务导向型的教学方式来讲解，目的性强，真正做到让学生在“学中做，做中学”。全书分为13课，每节课程由编程实例讲解、基础知识介绍、应用与拓展几部分组成。编程部分的实例结合日常生活常见的传感器来编写，主要例程包括多彩LED、蜂鸣器通信、红外通信、变幻显示屏和智能循迹赛等。

这是一本零基础入门科技创新和单片机编程的教材，可以广泛地应用于中小学科技创新教育的学习。本书也可作为编程入门学习者及广大电子爱好者的参考用书。

图书在版编目(CIP)数据

智能车编程入门 ：基于蓝宙图形化编程平台 / 张中华，叶琪，闫琪编著. -- 北京 ：北京航空航天大学出版社，2016.2

ISBN 978-7-5124-2044-1

Ⅰ. ①智… Ⅱ. ①张… ②叶 ③闫… Ⅲ. ①汽车—模型—制作—中小学—教材②图形软件—程序设计—中小学—教材 Ⅳ. ①G634.955.1②G634.671

中国版本图书馆CIP数据核字(2016)第009651号

智能车编程入门

——基于蓝宙图形化编程平台

张中华　叶　琪　闫　琪　编著

责任编辑　董立娟

*

北京航空航天大学出版社出版发行

北京市海淀区学院路37号(邮编100191)　http://www.buaapress.com.cn

发行部电话：(010)82317024　传真：(010)82328026

读者信箱：emsbook@buaacm.com.cn　邮购电话：(010)82316936

北京泽宇印刷有限公司印装　各地书店经销

*

开本：710×1 000　1/16　印张：7.5　字数：160千字

2016年2月第1版　2016年2月第1次印刷　印数：3 000册

ISBN 978-7-5124-2044-1　定价：19.00元

前　言

2014年9月的夏季达沃斯论坛上，李克强总理第一次在公共场合提出了“大众创业、万众创新”的号召。这一号召的提出立刻在960万平方公里土地上掀起“大众创业”“草根创业”的新浪潮，形成“万众创新”“人人创新”的新态势。

各类创客空间的崛起也带来了一系列创新的产品。本书也引入了一种创新教育产品，并以该产品为媒介，介绍了许多创客创新、创业必备的编程入门知识和传感器知识。

在编程方面，本书介绍了一种全新的图形化编程软件——LAD。该软件使用简单，编程如同搭积木一般，想到即可做到，摆脱繁琐、生涩的编程语言学习过程，真正做到零基础入门。

在传感器学习方面，本书结合生活实例介绍日常生活常见的传感器，让读者了解这些传感器的原理和应用。在这些传感器知识夯实的基础上，读者才可以更好地创新，开发出更好的作品。

配套创新教育产品

本书介绍的图形化编程软件LAD可以配套蓝宙智能车来使用。编好的程序下载到蓝宙智能车中，可以立刻看到相应的实验现象。这种边学边练的教学方式，真正实现了“学中做，做中学”的教学目的。

提供教学PPT，方便老师教学

本书适合科技创新教育和编程入门教育的学校作为教学用书，所以我们专门制作了PPT，以方便各学校的老师教学时使用。

配套视频教程，方便读者课后自学

本书配套了每课教学的视频例程，可以使读者更直观地理解本书内容，提高学习效率。另外，本书还提供每课编写的程序源码，方便读者自行学习参照。这些配套资料均可在蓝宙智能创新论坛www.landzo.cn下载，也可以与作者实时互动。

编　者

2015年11月

基础篇

中级篇

高级篇

基础篇

第 1 课　初识蓝宙智能车

任务导航

汽车在我们日常生活中是经常可以见到的，但是关于智能车可能了解得并不多。通过本节课的学习，读者可以初步了解蓝宙智能车。本节从智能车的外形、机械构成、动力分类以及电路构成等多方面剖析蓝宙智能车，让读者真正喜欢上蓝宙智能车，从而走进智能控制的世界。

实验器材

蓝宙智能车。

阅读与思考

目前，在企业生产技术不断提高、对自动化技术要求不断加深的环境下，智能车以及在智能车基础上开发出来的产品已成为自动化物流运输、柔性生产组织等系统的关键设备。世界上许多国家都在积极进行智能车辆的研究和开发设计。移动机器人从无到有，数量不断增多，智能车作为移动机器人的一个重要分支也得到越来越多的关注。智能车是一个集环境感知、规划决策、自动行驶等功能于一体的综合系统，集中运用了计算机、传感、信息、通信、导航及自动控制等技术，是典型的高新技术综合体。它具有道路障碍自动识别、自动报警、自动制动、自动保持安全距离、车速和巡航控制等功能。智能车的主要特点是在复杂的道路情况下，能自动操纵和驾驶车辆绕开障碍物并沿着预定的道路(轨迹)行进。随着汽车工业的迅速发展，关于汽车的研究也越来越受人关注。全国电子大赛和省内电子大赛几乎每次都有智能车方面的题目，各高校也都很重视该题目的研究，可见其研究意义很大。

1.1　蓝宙智能车介绍

1. 蓝宙智能车的外形

蓝宙智能车外形如图 1.1 所示。

2. 汽车造型的演变

汽车造型演变史如图 1.2 所示。

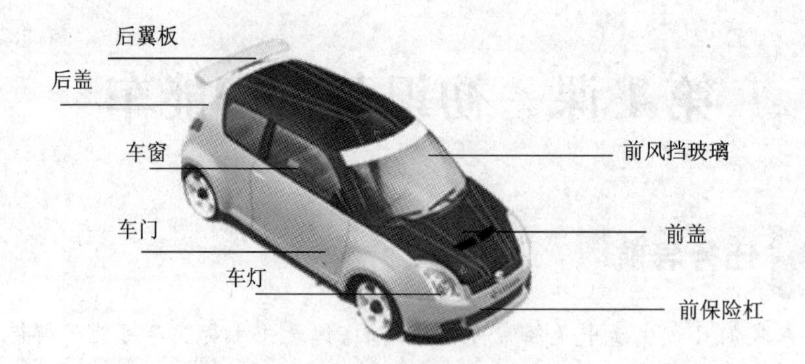

图 1.1　蓝宙智能车外形

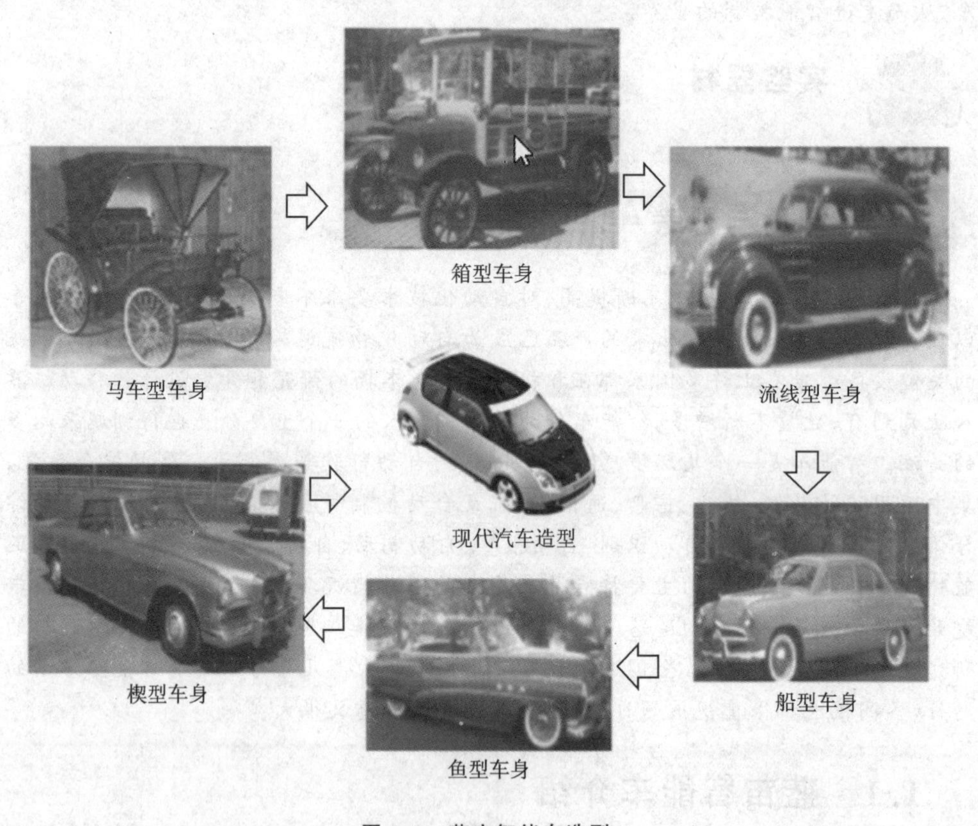

图 1.2　蓝宙智能车造型

3. 车身的部件

车身部件如图 1.3 所示。

转向系统(如图 1.4 所示)的作用是在遥控器或者芯片的控制下改变智能车的行驶方向。

图 1.3　蓝宙智能车车身

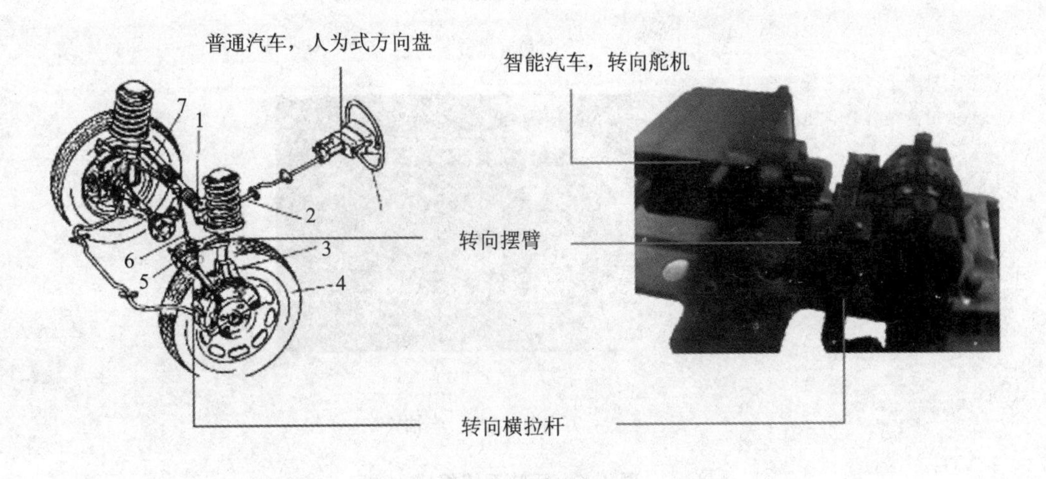

图 1.4　转向系统

底盘(如图 1.5 所示)起到支承的作用,并用来安装汽车发动机及其各部件,形成汽车的整体造型;同时,接受发动机的动力,使汽车产生运动,保证正常行驶。

变速箱是一套用来协调发动机转速和车轮实际行驶速度的变速装置,用于发挥发动机的最佳性能。

差速器是驱动桥的主件,作用就是在向两边半轴传递动力的同时,允许两边半轴以不同的转速旋转,满足两边车轮尽可能以纯滚动的形式做不等距行驶,减少轮胎与地面的摩擦(如图 1.6 所示)。

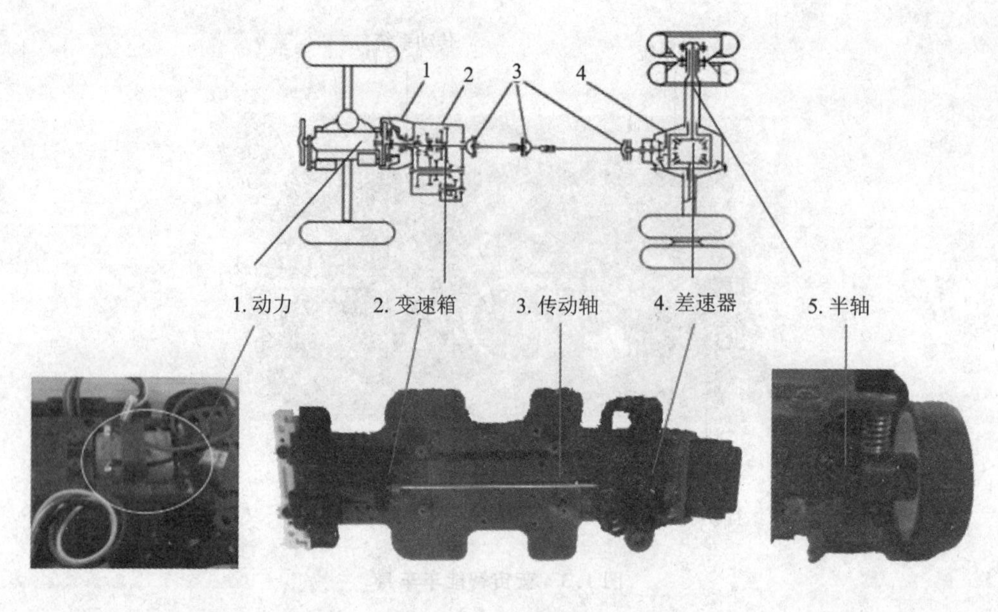

图 1.5　车身底盘部分

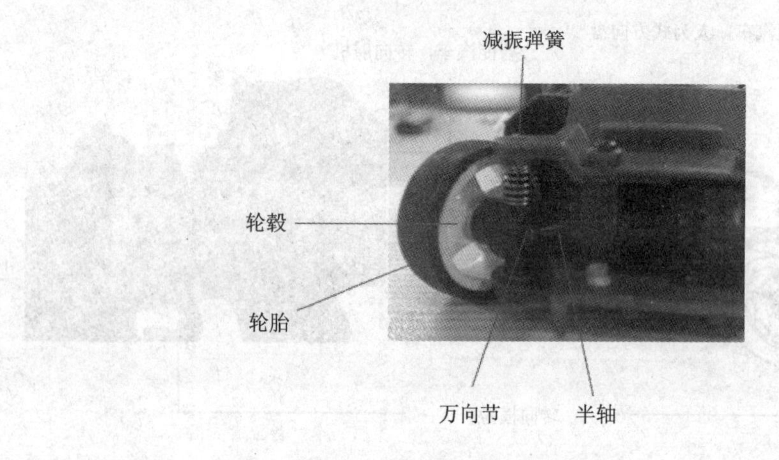

图 1.6　行驶系统组成

4. 动力的分类

汽车动力系统(如图 1.7 所示)就是指将发动机产生的动力,经过一系列的动力传递,最后传到车轮的整个机械布置的过程。

5. 智能车电路的主板

智能车电路主板如图 1.8 所示。

6. 智能车系统的结构框架

智能车系统结构框架如图 1.9 所示。

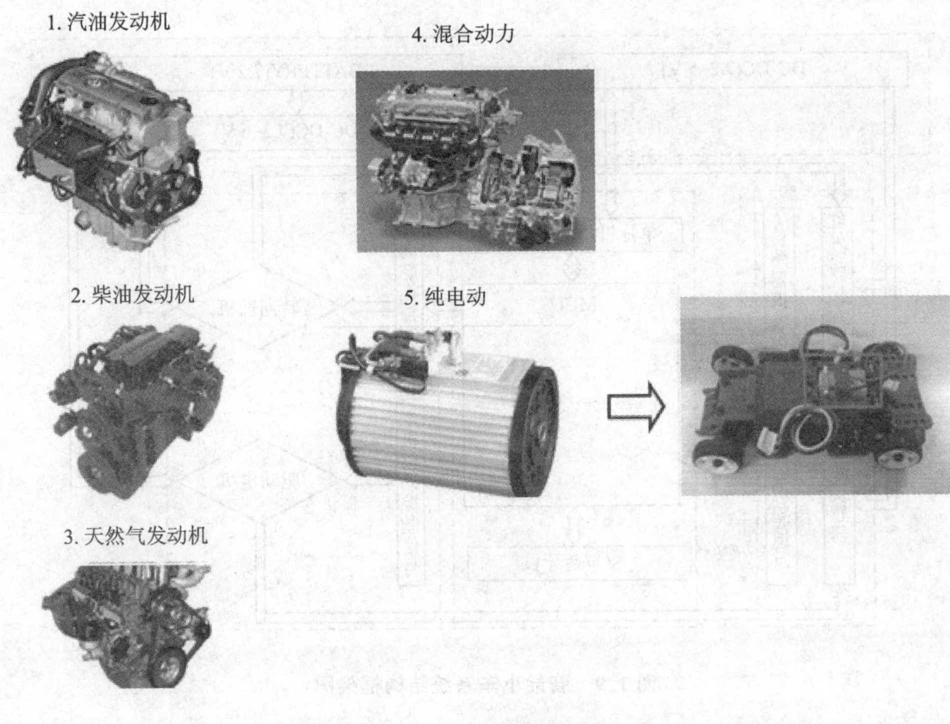

图 1.7　动力系统分类

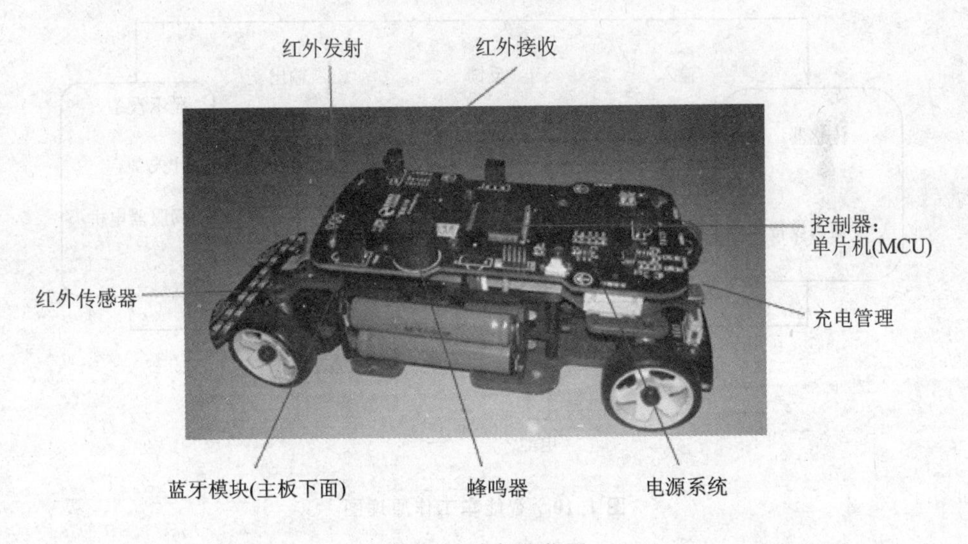

图 1.8　主板实物图

7. 智能车的工作原理

智能车工作原理如图 1.10 所示。可以看到，智能车的输入由各种传感器组成，输出设备为电机、舵机等执行器，控制器为单片机，能量来源是电池。假设将上述系

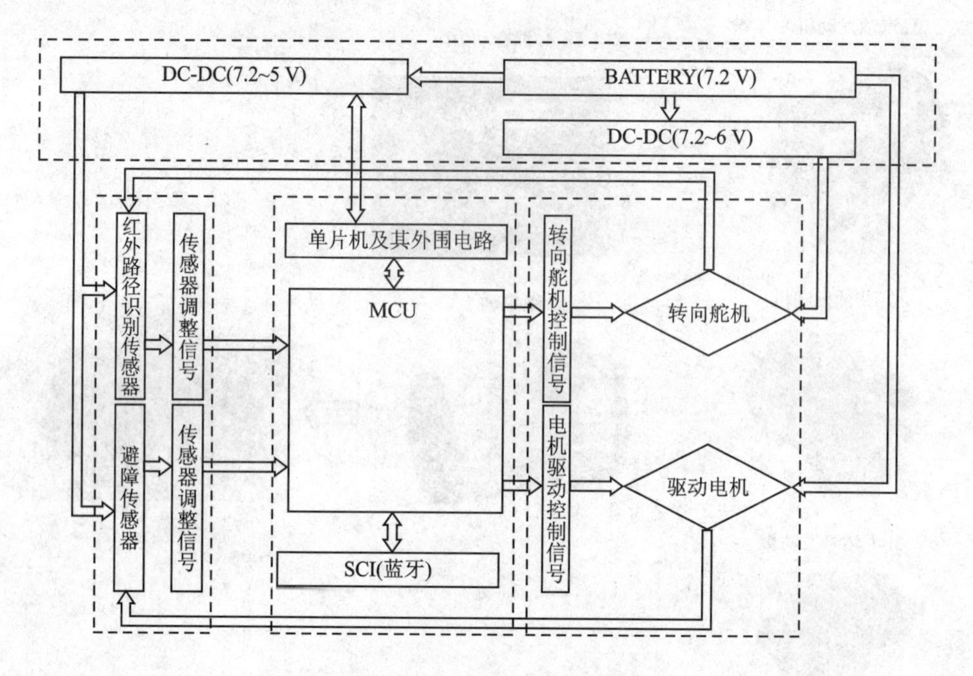

图 1.9 智能小车系统结构框架图

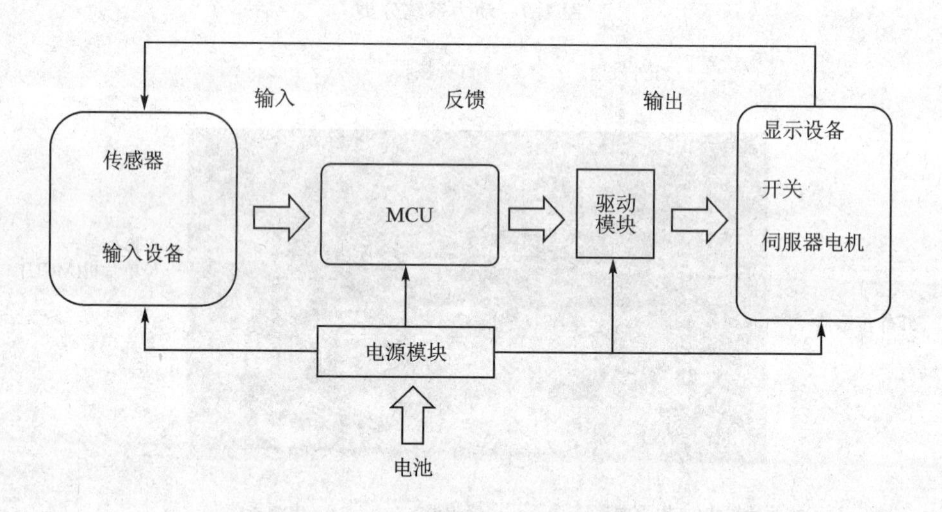

图 1.10 智能车工作原理图

统比作一个人，如图 1.11 所示，那么单片机就是人的大脑，因为它会“思考”，控制人完成一系列的动作，而人的眼睛、鼻子、耳朵、嘴巴还有喉咙这些部位就相当于智能车的传感器。当外部环境给我们一个信号时，就会对这个信号做出相应的反应，这个反应就是智能车的执行器（即输出部分），能量来源就是食物和水。

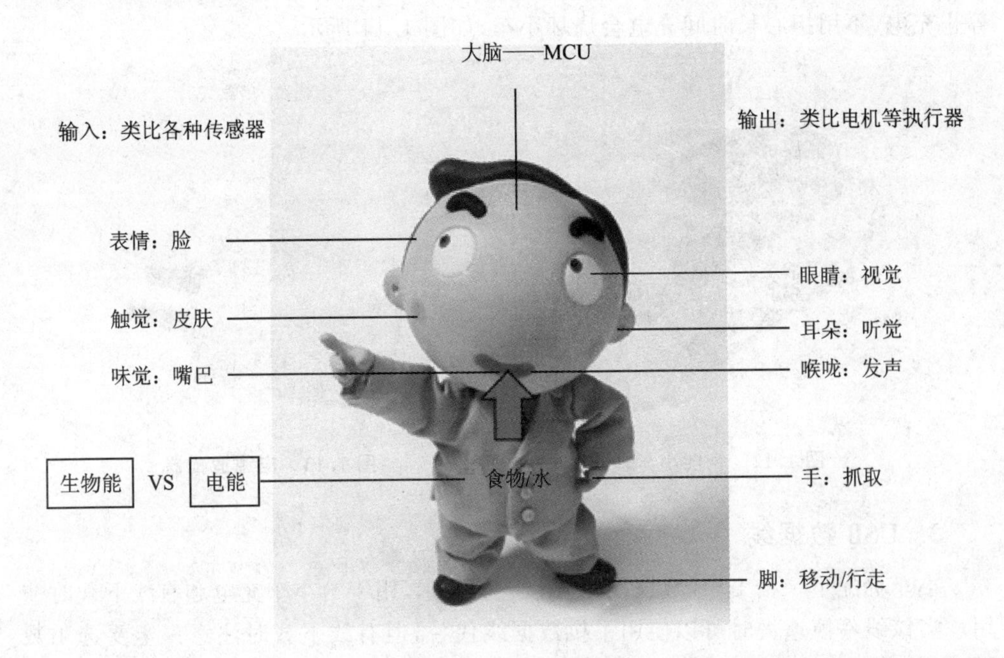

图 1.11　人体各部分结构

1.2　蓝宙智能车组成

1. 蓝宙智能车

蓝宙智能车(外观如图 1.12 所示)是一款高端益智编程小车,通过其图形化编程软件读者可以很容易地完成程序的编写,对锻炼其逻辑思维能力有很大的帮助。

蓝宙智能车搭载了一颗汽车级的单片机——MK60,让读者用真车的核心芯片来完成入门的学习。强大的内核让蓝宙智能车能搭载丰富的外设,从而使读者更形象生动地认识单片机的输入、输出、PWM、A/D、串口通信等知识。

蓝宙智能车包含的输出部件有车灯、三色灯、蜂鸣器、红外发射管、电机、舵机等;输入部件有循迹传感器、红外接收管、激光模块等。配上小车标配的扩展板,小车可以兼容更多的输入、输出部件。

2. 电源适配器

蓝宙智能车标配“5 V　1 A”的适配器(如图 1.13 所示)对小车进行充电,该适配器直接插在 220 V 交流电的电源插座上即可。当然,也可以使用手机充电器对其充电;充电前须确定适配器输出的电压是 5 V,否则电压过高可能会烧毁小车。

适配器用 USB 线连接到小车用于充电的 USB 口后,小车充电的红色 LED 灯亮起;当小车充满电后,绿色的 LED 将变亮。小车自带充电管理电路,电量充满后自动停止充电，不用担心长时间充电会烧坏小车，如图 1.14 所示。

图 1.12　智能小车外观

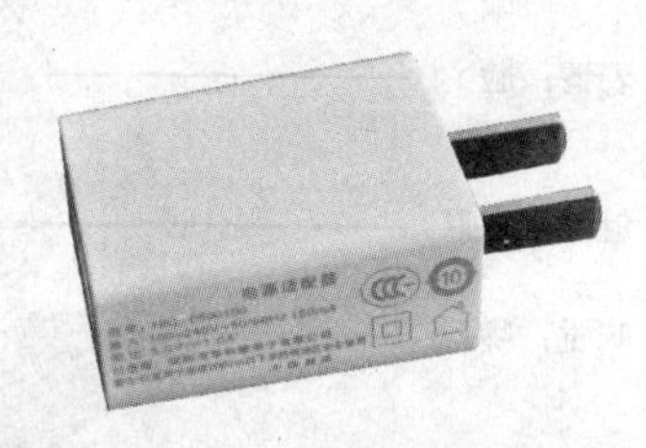

图 1.13　电源适配器

3. USB 数据线

小车标配了一根 USB 数据线，如图 1.15 所示，用于给小车充电和有线下载时使用。当该线不慎遗失时可以使用手机数据线代替，但有线下载时注意一定要选用数据线，而不是 USB 充电线。

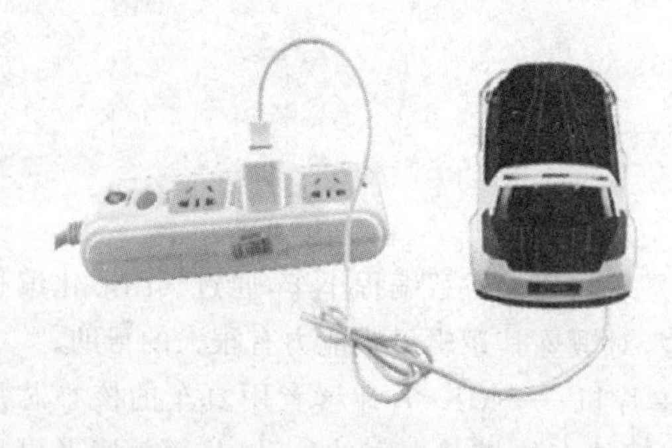

图 1.14　小车充电状态

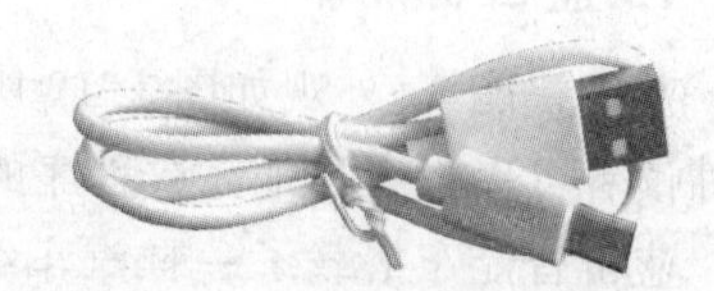

图 1.15　USB 数据线外形

4. 蓝牙适配器

蓝牙适配器（如图 1.16 所示）是小车进行无线下载的工具，传输距离可以达到 15 m 左右。如不慎遗失可到蓝宙官方网站购买，不要随意购买其他的蓝牙适配器，可能导致无线下载失败。

5. 扩展板

利用小车标配的传感器扩展板（如图 1.17 所示）可以接多种传感器，从而完成更多创新的任务。

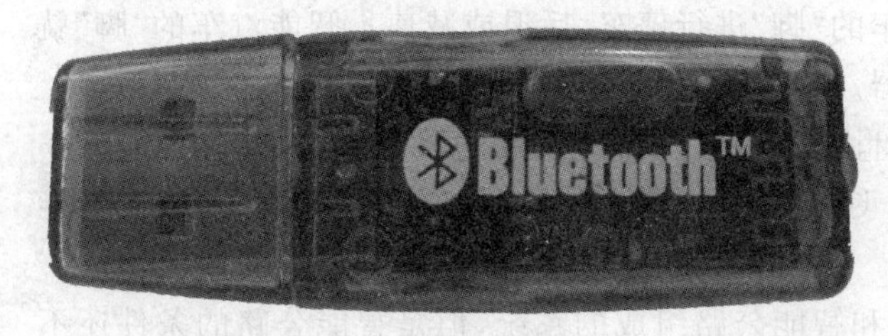

图 1.16　蓝牙适配器外形

图 1.17　扩展板外形

拓展与提高

智能汽车(如图 1.18 所示)是一种正在研制的新型高科技汽车,不需要人去驾驶,人只舒服地坐在车上享受这高科技的成果就行了。因为这种汽车上装有相当于汽车"眼睛"、"大脑"和"脚"的电视摄像机、电子计算机和自动操纵系统之类的装置,这些装置都配备非常复杂的程序,能和人一样"思考"、"判断"、"行走",可以自动启动、加速、刹车,也可以自动绕过地面障碍物。在复杂多变的情况下,它的"大脑"能随机应变,自动选择最佳方案,指挥汽车正常、顺利地行驶。

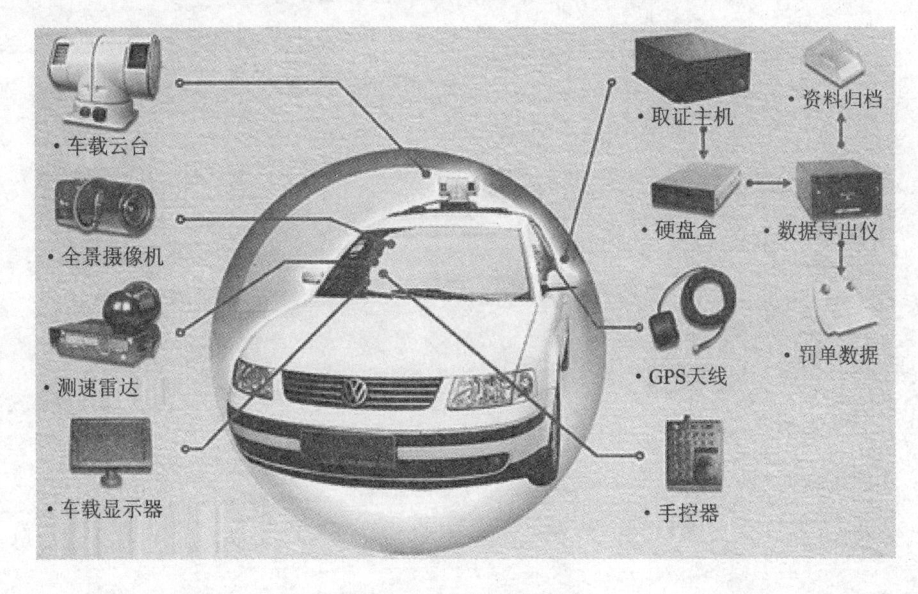

图 1.18　智能汽车组成

智能汽车的"眼睛"是装在汽车右前方、上下相隔 50 cm 处的两台电视摄像机,摄像机内有一个发光装置,可同时发出一条光束,交汇于一定距离,物体的图像只有在这个距离才能被摄取。"眼睛"能识别车前 5～20 m 之间的台形平面、高度为 10 cm 以上的障碍物。如果前方有障碍物,"眼睛"就会向"大脑"发出信号,"大脑"根据信号和当时当地的实际情况判断是否通过、绕道、减速或紧急制动、停车,并选择最佳方案，然后以电信号的方式指定汽车的“脚”进行停车、后退或减速。智能汽车的“脚”就是控制汽车行驶的转向器、制动器。

无人驾驶的智能汽车将是新世纪汽车技术飞跃发展的重要标志，并且智能汽车已从设想走向实践。随着科技的飞速发展，相信不久的将来，我们都可以领略到智能汽车的风采。

智能汽车实际上是智能汽车和智能公路组成的系统，但是智能公路的条件还不具备，而在技术上已经可以解决。在智能汽车的目标实现之前，实际上已经出现了许多辅助驾驶系统广泛应用在汽车上，例如，智能雨刷，可以自动感应雨水及雨量，自动开启和停止；自动前照灯，在黄昏光线不足时可以自动打开；智能空调，通过检测人皮肤的温度来控制空调风量和温度；智能悬架，也称主动悬架，自动根据路面情况来控制悬架行程，减少颠簸；防打瞌睡系统，用监测驾驶员的眨眼情况来确定是否很疲劳，必要时停车报警……计算机技术的广泛应用为汽车的智能化提供了广阔的前景。

第2课　自制遥控车

任务导航

遥控车、遥控坦克、遥控飞机等遥控玩具可能陪很多小伙伴度过了一段快乐的童年时光。读者是不是很好奇这些遥控玩具是怎么实现的呢？遥控器和玩具之间是通过什么联系在一起的呢？

实验器材

蓝宙智能车、遥控器。

阅读与思考

蓝宙智能车自带了3种遥控模块，分别是蓝牙模块、无线通信模块、红外通信模块。

蓝牙通信是一种短距离的无线通信技术，通常通信距离在15 m左右。日常生活中可以经常见到它的使用，比如手机、笔记本、智能手环都带有蓝牙。

无线通信是利用电磁波信号可以在自由空间中传播的特性进行信息交换的一种通信方式，主要包括微波通信和卫星通信。微波是一种无线电波，传送的距离一般只有几十千米。但微波的频带很宽，通信容量很大。微波通信每隔几十千米要建一个微波中继站。卫星通信是利用通信卫星作为中继站，在地面上两个或多个地球站之间或移动体之间建立微波通信联系。智能车就采取这种通信方式。

红外线通信是一种利用红外线传输信息的通信方式，可传输语言、文字、数据、图像等信息。但是传输角度有一定限制，例如空调遥控器、电视机遥控器等都使用这种方式进行通信。

2.1　图形化编程软件的安装

步骤如下：

① 将蓝宙智能车编程软件复制到桌面，如图2.1所示。

② 解压到“蓝宙智能车编程软件”文件夹，如图2.2所示。

③ 打开“蓝宙智能车编程软件”文件夹，将软件复制到桌面，如图2.3所示。

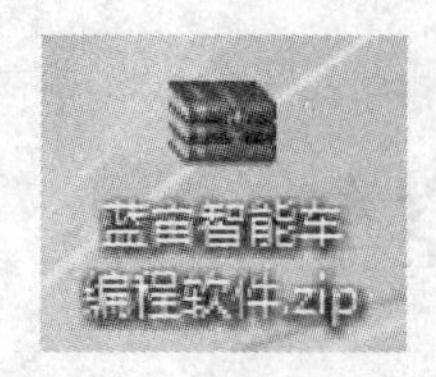

蓝宙智能车
编程软件.zip

图 2.1　复制软件压缩包

蓝宙智能车
编程软件

图 2.2　解压后的软件

LAD.exe

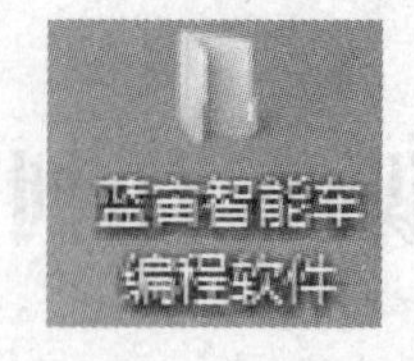

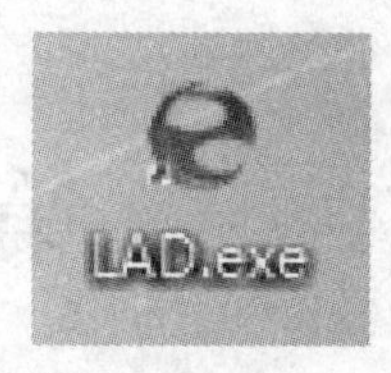

图 2.3　软件图标

④ 注册。填写姓名、单位、邮箱，如图 2.4 所示，然后单击“获取注册码”，则软件自动发送注册码到用户的邮箱。

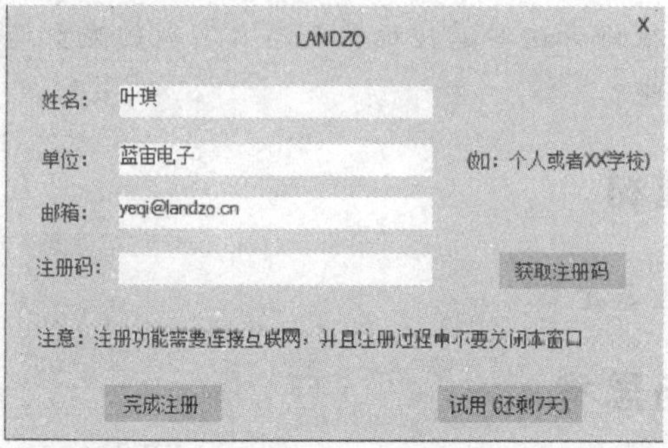
LANDZO
x
姓名：
叶琪
单位：
蓝宙电子
(如：个人或者XX学校)
邮箱：
yeqi@landzo.cn
注册码：
获取注册码
注意：注册功能需要连接互联网，并且注册过程中不要关闭本窗口
完成注册
试用 (还剩7天)

图 2.4　软件注册界面

⑤ 完成注册。去邮箱提取注册码，如图 2.5 所示。填入软件注册界面的“注册码”文本框，单击“完成注册”，如图 2.6 所示。

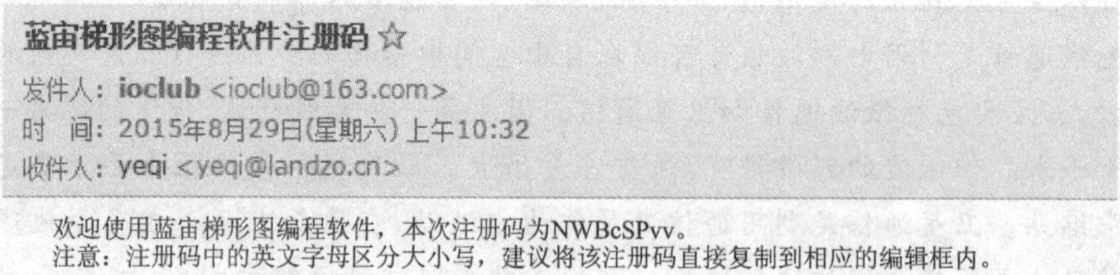
蓝宙梯形图编程软件注册码 ☆
发件人：ioclub <ioclub@163.com>
时　间：2015年8月29日(星期六) 上午10:32
收件人：yeqi <yeqi@landzo.cn>
欢迎使用蓝宙梯形图编程软件，本次注册码为NWBcSPvv。
注意：注册码中的英文字母区分大小写，建议将该注册码直接复制到相应的编辑框内。

图 2.5　邮箱获取注册码

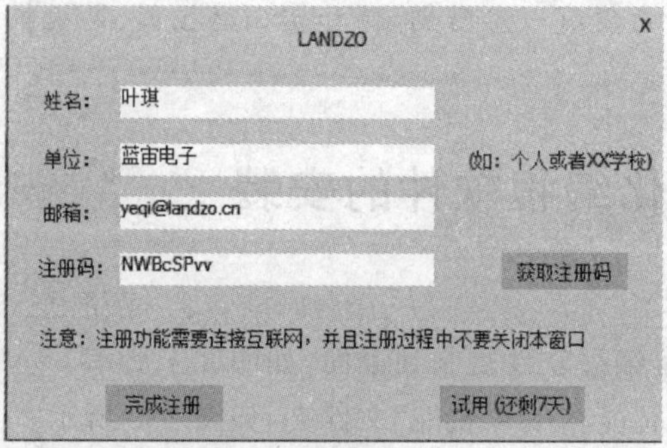
LANDZO
x
姓名：
叶琪
单位：
蓝宙电子
(如：个人或者XX学校)
邮箱：
yeqi@landzo.cn
注册码：
NWBcSPvv
获取注册码
注意：注册功能需要连接互联网，并且注册过程中不要关闭本窗口
完成注册
试用 (还剩7天)

图 2.6　注册完成

⑥ 打开软件,界面如图 2.7 所示。

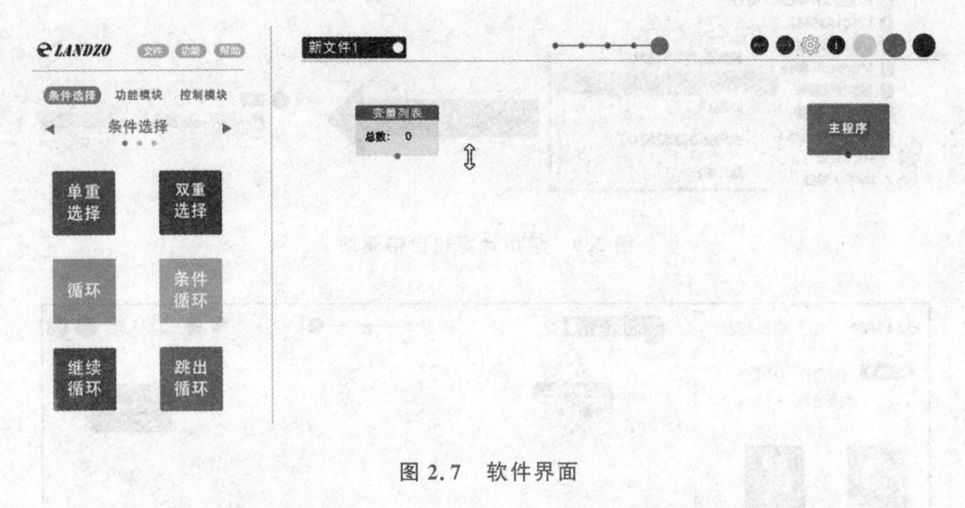

图 2.7 软件界面

2.2 无线下载

1. 计算机自身不带蓝牙

每台蓝宙智能车都配套一个蓝牙适配器,将蓝牙适配器插在计算机上,计算机会自动为蓝牙适配器安装上对应驱动,如图 2.8 所示。驱动安装完成后可以在计算机的“设备管理器”里面看到相应的驱动显示。

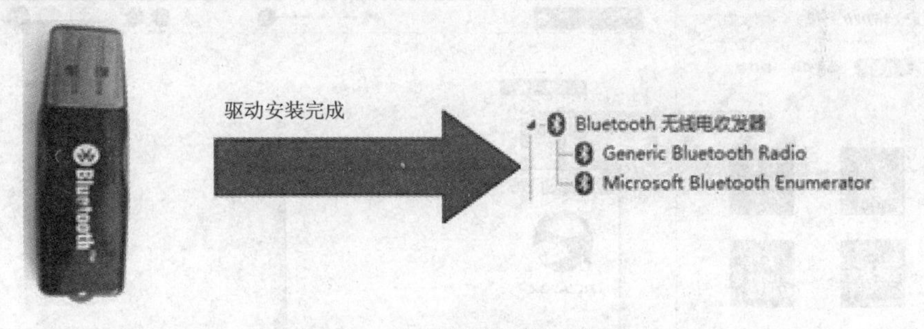

图 2.8 设备管理器显示驱动

2. 计算机自身带蓝牙

计算机自身带蓝牙时可以在“设备管理器”里面禁用自身的蓝牙,如图 2.9 所示。然后插上小车标配的蓝牙适配器,驱动自动安装完成即可使用。

无线下载是基于蓝牙的一种传输的下载方式,简单方便。首先编译程序,然后单击“下载”。由于是无线下载,所以单击下面的“否”,如图 2.10 所示。

然后智能车进入搜索界面。搜索完成,则软件显示出附近的所有蓝宙智能车,如图 2.11 所示。蓝宙智能车都贴有小车对应的唯一编号,用户只需要根据这个编号选

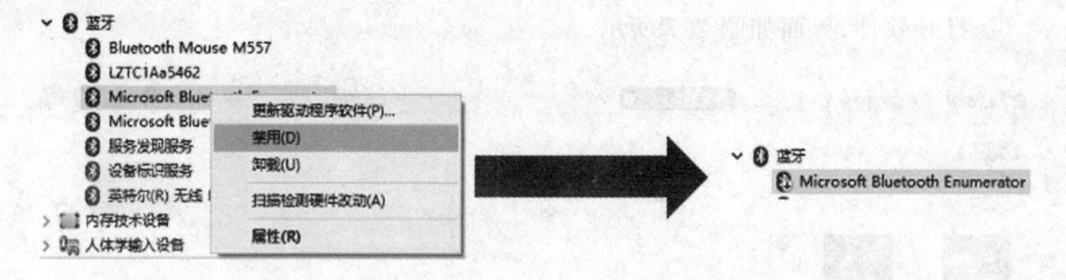

图 2.9　禁用计算机自带驱动

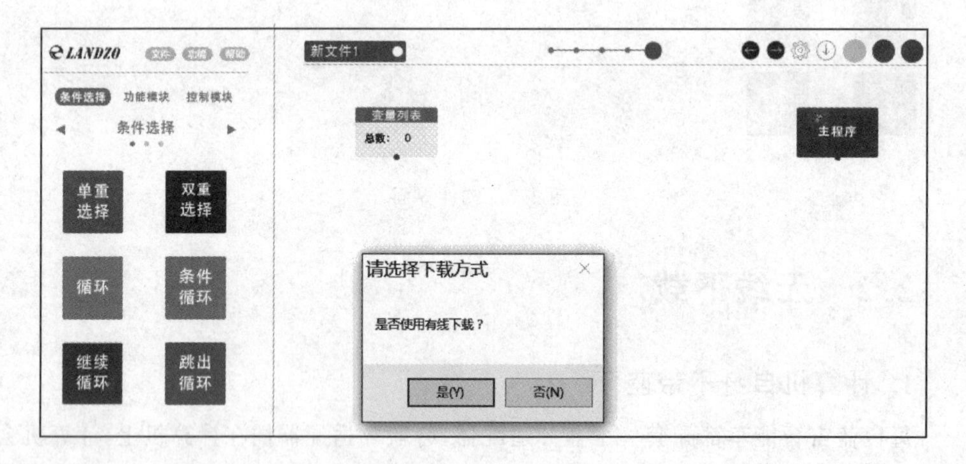

图 2.10　选择无线下载

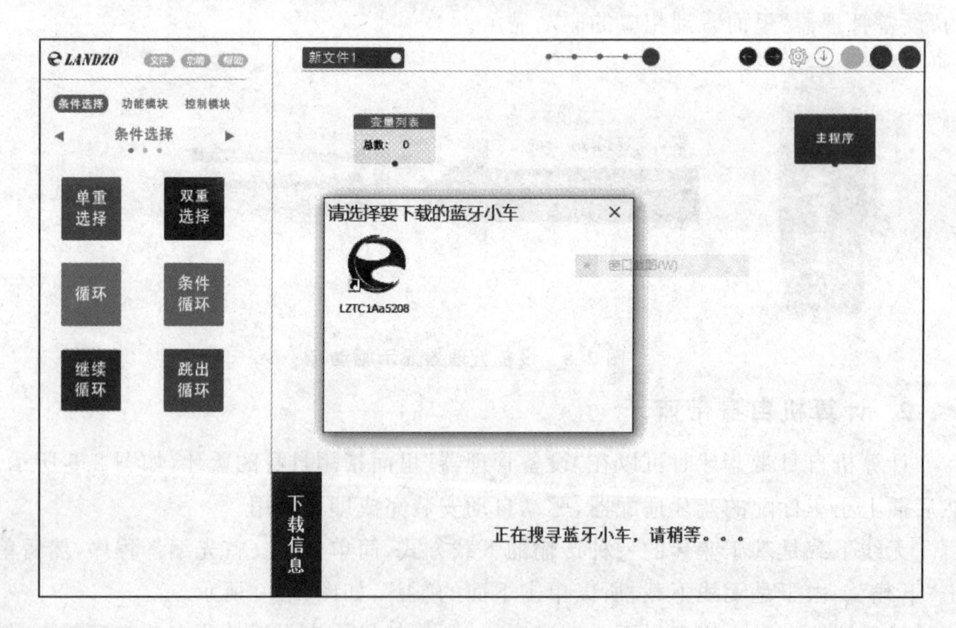

图 2.11　程序下载中

择自己对应的智能车即可。程序下载成功后出现的界面如图 2.12 所示。

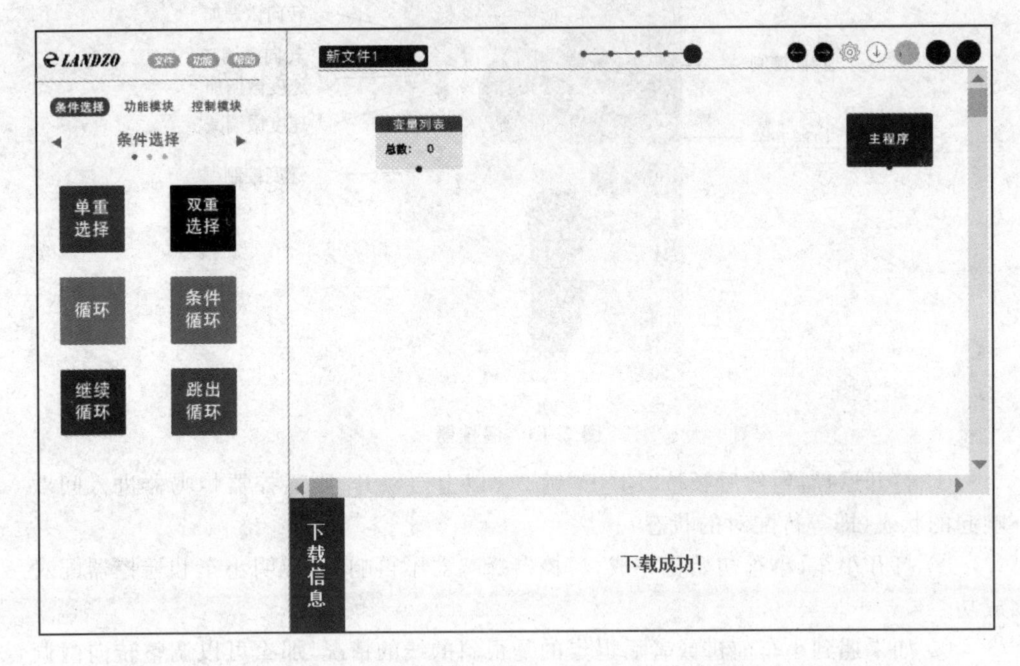

图 2.12 程序下载完成

2.3 小车重置

出厂时小车刷入的都是小车的初始程序,但读者编程过程中会重新下载程序刷掉原本小车中的程序。当需要再使用初始程序时,就可以使用重置(如图 2.13 所示)功能来完成初始程序的下载工作。

下载完重置程序之后(如图 2.14 所示),小车就可以使用小车标配的遥控器(如图 2.15 所示)进行控制了。

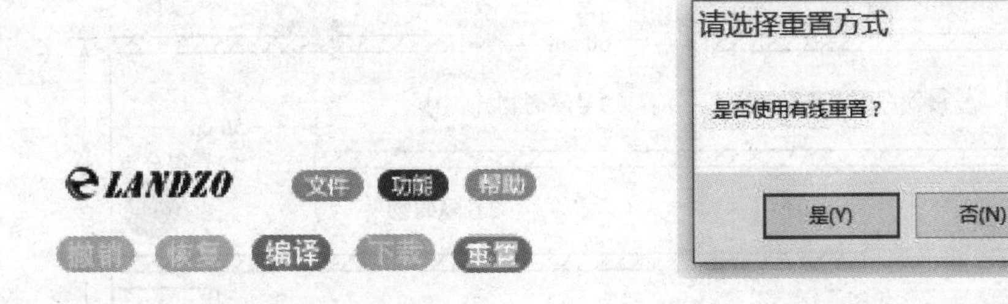

图 2.13 小车重置按键

图 2.14 小车重置下载方式选择

遥控器处于遥控状态时,用户可以使用蓝宙智能车标配的遥控器对小车进行控制。遥控器的连接流程如下:

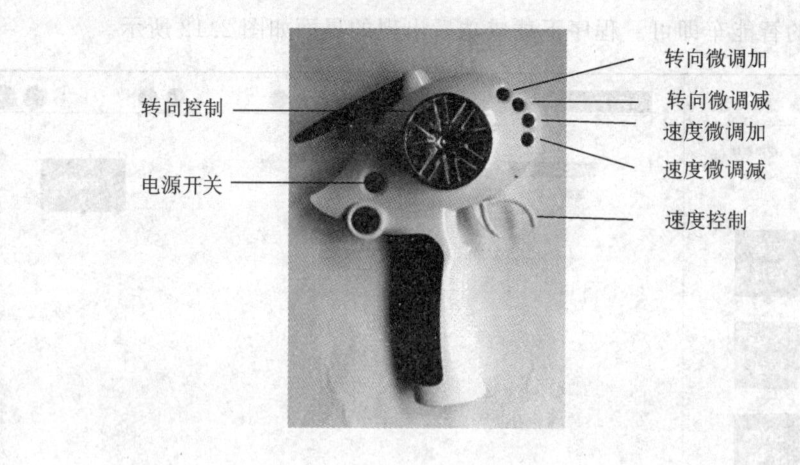

图 2.15 遥控器

① 打开遥控器，然后长按“BIND”键 2 s 以上再松开，则遥控器蜂鸣器进入间歇响起的状态（即等待配对的状态）。

② 打开小车，小车初始化完成，遥控器蜂鸣器不再响起，说明小车和遥控器配对成功。

③ 如果遇到小车前进或者后退走的是很斜的线的情况，那么可以调整转向微调按钮来校正：“转向微调加（ST＋）”，向右调整；“转向微调加（ST－）”，向左调整。

④ 如果调整得太乱而无法调整回开始状态，则可以按下 RESET 键让遥控器恢复初始状态。

⑤ 按下遥控器的 POWER 键，则小车发射“射击”信号（即红外信号）。

练习与巩固

生活中，工人常利用推土机来推除各种障碍。读者也可以利用自制的遥控车来推除障碍，如图 2.16 所示，我们使用的是推杯图纸。1、2、3 号障碍点分别放置了3 个倒扣的纸杯，阴影部分为挡板，读者需要使用遥控器控制小车将障碍物推到对应的得

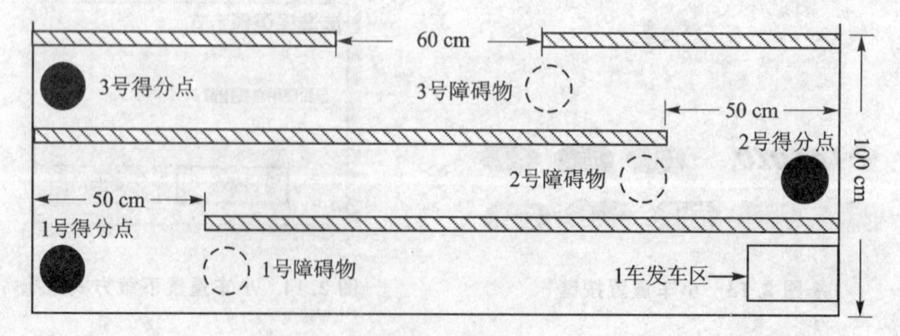

图 2.16 推杯图纸

分点并且不能碰到挡板。

拓展与提高:CPU 的工作方式与进制转换

电流从电源的正极流出,经过指示灯,从电流的负极流回电源的线路叫电路,如图 2.17 和图 2.18 所示。单片机内部由许多复杂的电路构成。“0”和“1”实际是表示电路中的两种电信号,“0”信号是接近电源负极的电位信号,“1”信号是接近电源正极的电位信号。电源正极是高电位,负极是低电位,电源总是从高电位流向低电位,而电压就是电流流动的动力,有高电压和低电压,通常人们把这两种电压叫高电平和低电平。用它做运算时,就把高电平称为逻辑 1,把低电平称为逻辑 0,简称为 0、1 状态。

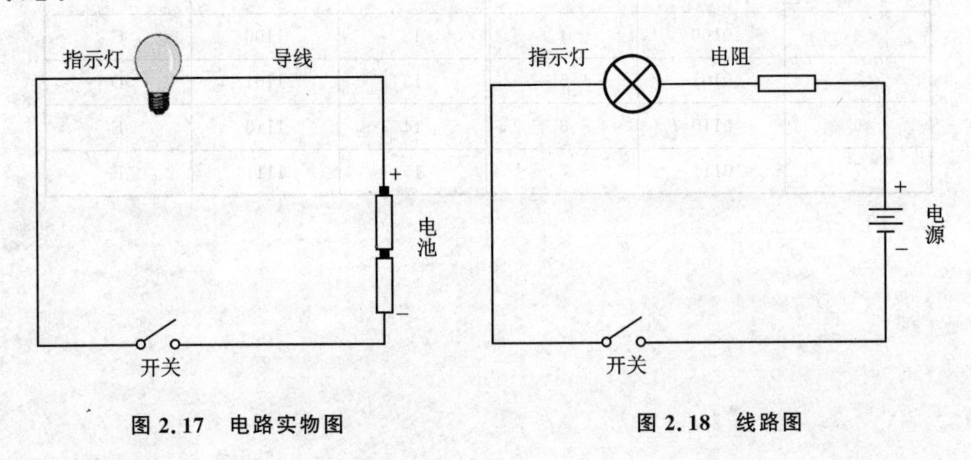

图 2.17 电路实物图　　图 2.18 线路图

人们利用 CPU 能识别 0、1 状态来编写指令,并将这些指令写入存储器,而 CPU 则能按照存储器中的指令一丝不苟地执行;它的“厉害”之处在于速度极快,能将 0 变为 1、1 变为 0、多个 0/1 一起变换,每秒钟可以变化几万万个来回,因此 CPU 能完成复杂的控制功能。

由于 CPU 只能识别“0”和“1”两种符号,因此利用计算机处理的数据多采用二进制数表示,表示二进制数的数字符号有两个,即“0”和“1”。用单片机处理的数据在存储器中都是以二进制数的形式来存放的,每个存储单元里可以存放 8 位二进制数,即一个字节的数据。

二进制数、十六进制数与常用的十进制数的关系如表 2.1 所列,可以看出这几种进制的特点:

① 二进制数用“0”和“1”两种符号表示,十进制数用 0、1、2、3、4、5、6、7、8、9 这 10 种符号表示,十六进制数用 0、1、2、3、4、5、6、7、8、9、A、B、C、D、E、F 这 16 种符号表示。

② 十进制加法运算法则是逢 10 进 1,如 9+1=10,由于十进制数中没有十这个

字符，就用10表示十；二进制数是逢2进1，如1+1=10，由于二进制数中没有2这个字符，就用10表示2；十六进制数是逢16进1，如F+1=10，就用10表示16。同样是10，在不同的进制中代表不同的数，尤其是十进制数与十六进制数的末尾加上字母H，如10表示十进制数，10H表示十六进制数。

表2.1　3种计数制的对应关系

十进制数	二进制数	十六进制数	十进制数	二进制数	十六进制数
0	0000	0	8	1000	8
1	0001	1	9	1001	9
2	0010	2	10	1010	A
3	0011	3	11	1011	B
4	0100	4	12	1100	C
5	0101	5	13	1101	D
6	0110	6	14	1110	E
7	0111	7	15	1111	F

第 3 课　小车向前冲

任务导航

看着马路上川流不息的汽车，你是否还在纳闷，是什么给了它们奔跑的动力？你是否也想让自己的智能车跑起来呢？这节课就来教读者编写自己的程序从而让小车跑起来！

实验器材

蓝宙智能车。

阅读与思考

电机，如图 3.1 所示，俗称“马达”，是指依据电磁感应定律实现电能转换或传递的一种电磁装置。在电路中用字母 M 表示，如图 3.2 所示。它的主要作用是产生驱动转矩，作为电器或各种机械的动力源。

图 3.1　电机实物图

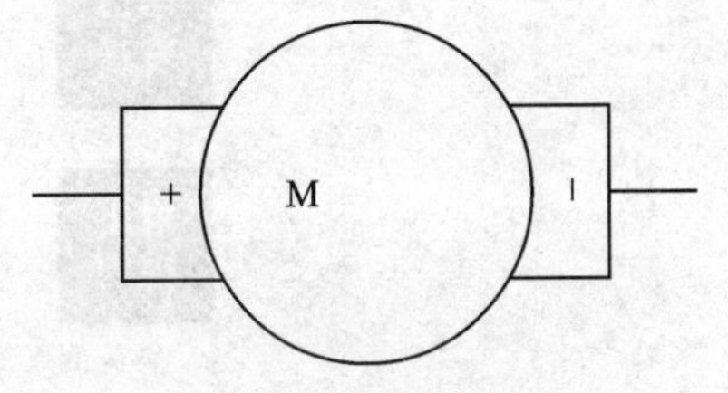

图 3.2　电机电路符号

3.1　速度控制

“速度控制”控件用来控制小车的速度，如图 3.3 所示。其中，方向属性可以选择前进或者后退；速度属性可以在 0～1 000 之间设置，如图 3.4 所示。注意：速度值给得太小，则电机可能会被卡住而导致转不动，所以建议速度值在 200～1 000 之间取值。

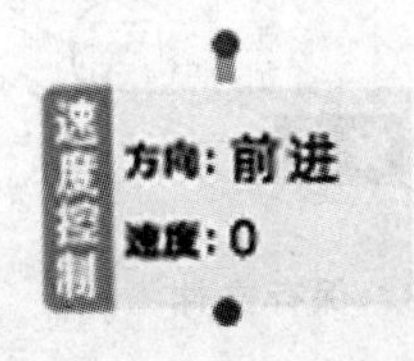

图 3.3　速度控制控件

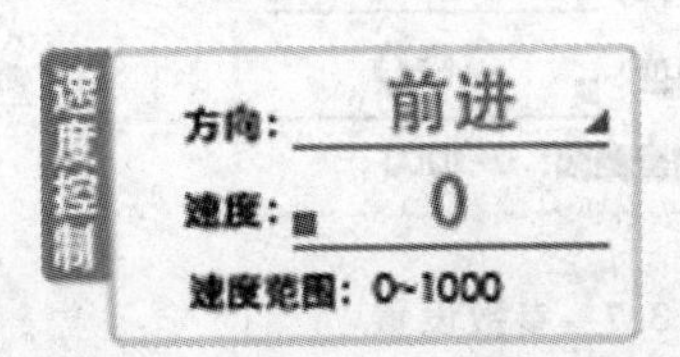

图 3.4　速度控制设置界面

3.2 小车向前冲

小车向前冲，顾名思义就是要给小车一个向前的速度，其流程图如图 3.5 所示。

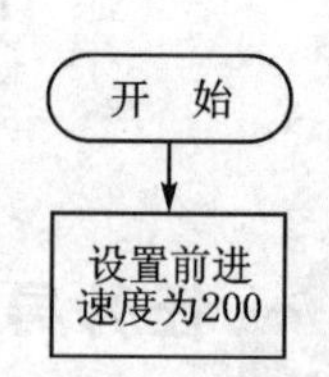

图 3.5 小车前进流程图

1. 编程流程

① 在“控制模块”下找到“速度控制”的图形控件，然后拖动并连接到主程序节点上，如图 3.6 所示。

② 设定“速度控制”的参数为“方向：前进”，“速度：200”，如图 3.7 所示。

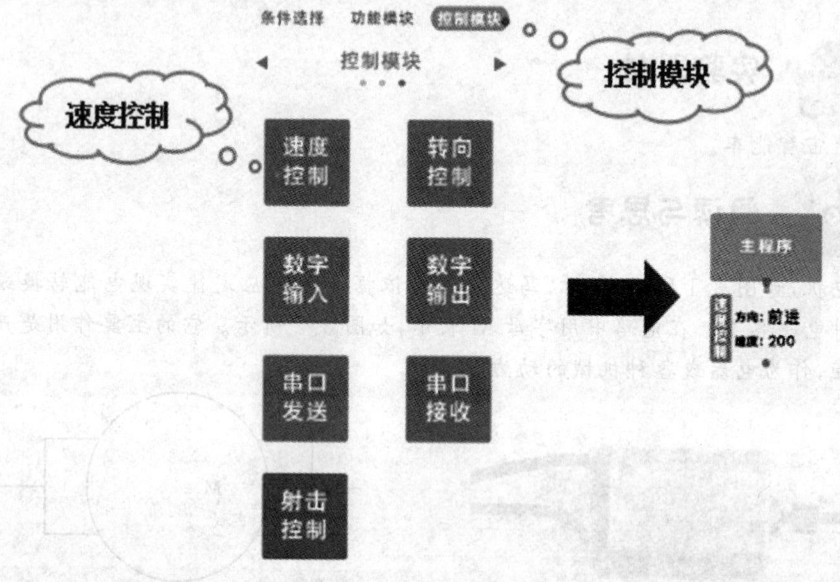

图 3.6 编程流程

2. 保存文件

编好的程序须及时保存（如图 3.8 所示），防止异常情况而导致软件突然关闭。文件命名（如图 3.9 所示）应与程序的功能保持一致，方便后期查找。

图 3.7 参数设置　　　　图 3.8 保存文件

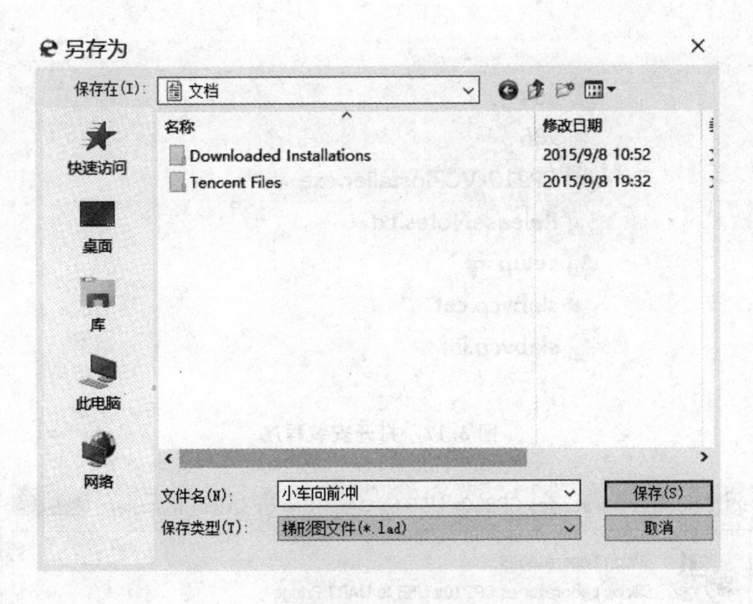

图 3.9　文件命名

3. 编译、下载

有线下载时需要用到下载线，这就需要安装串口驱动，安装步骤如下：

① 打开安装文件夹，里面有 WindowsXP、Windows7、Windows8 系统的安装包，如图 3.10 所示，要根据读者使用的计算机系统版本选择对应的安装包。这里以 Windows7 系统为例。

② 解压 Windows7，如图 3.11 所示，并打开文件夹。

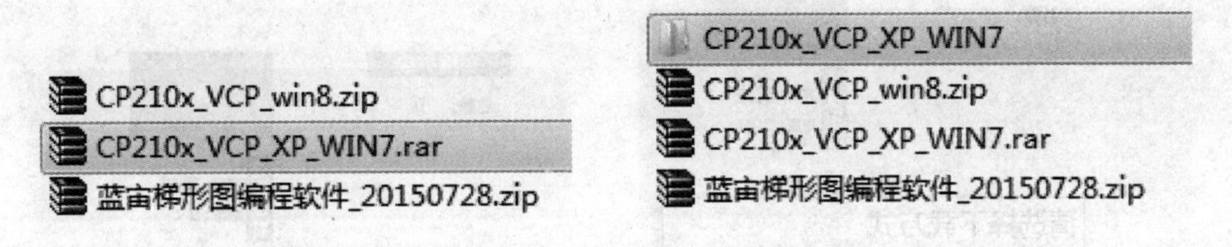

图 3.10　驱动安装包　　　图 3.11　解压安装包

③ 打开安装应用程序，如图 3.12 所示，开始安装。

④ 单击 Install，如图 3.13 所示。

⑤ 按提示进行安装。

这次使用有线下载来下载程序。有线下载就是下载程序时需要将下载线连接到计算机上，然后单击编译、下载，则弹出如图 3.14 所示界面。由于是有线下载，所以单击“是”；等待几秒钟会显示下载成功的界面，如图 3.15 所示。如果提示下载失败，则须参考附录 A 对错误进行排查。

图 3.12　打开安装程序

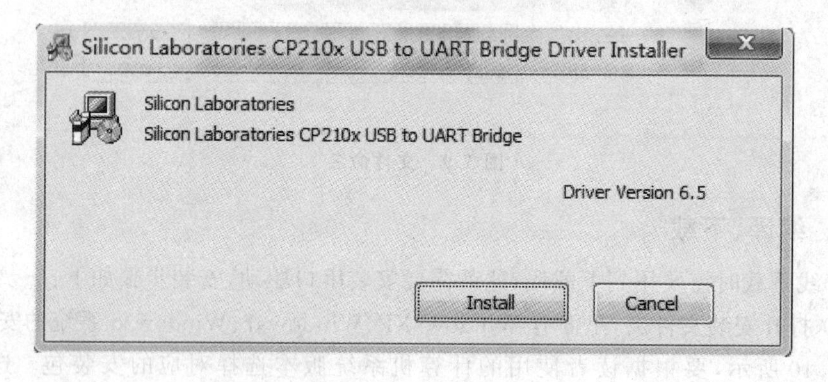

图 3.13　开始安装

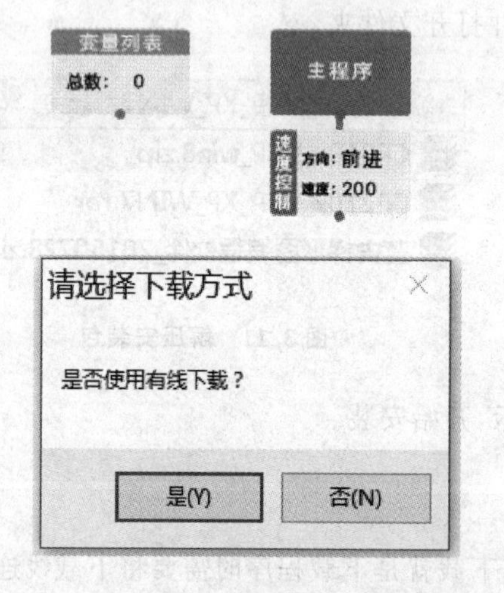

图 3.14　下载选择界面

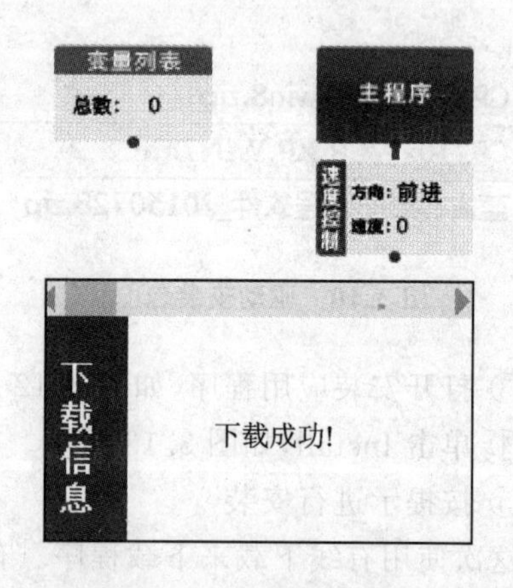

图 3.15　下载成功界面

3.3 让小车跑2秒

1. 延 时

设置程序运行或等待的时间，如图3.16所示。

步骤如下：

① 双击控件图标，则可以打开属性设置框；

② 前面的横线(即文本框)可以在1～6 000之间设置数值；

③ 单击后面的横线选择延时的单位，可以选择为秒或者毫秒。

2. 流程图

小车跑2秒的程序需要在前一个程序的基础上增加对延时控件的操作，让小车延时跑动2秒然后停止，流程如图3.17所示。

图3.16 延时模块控件

开 始 → 设置前进速度为200 → 延时2秒 → 结 束

图3.17 小车跑2秒流程图

3. 编程程序

在“功能模块”中找到“延时”图形控件，设置参数为“延时时长：2秒”，编写好如图3.18所示的程序，并保存、编译、下载。

动手与实践

完成小车向前跑2秒、然后向后跑2秒、最后停止的程序。

1. 分 析

此程序的编写需要用到“速度控制”和“延时”两个图形控件，“速度控制”模块须先控制小车前进，然后后退，并且运行周期都是2秒，流程如图3.19所示。

2. 程序编写

根据流程图编写程序如下：拖动两个“速度控制”的图形控件到编程区，并分别设置参数为“方向：前进，速度：200”、“方向：后退，速度：200”。拖动两个“延时”图形控

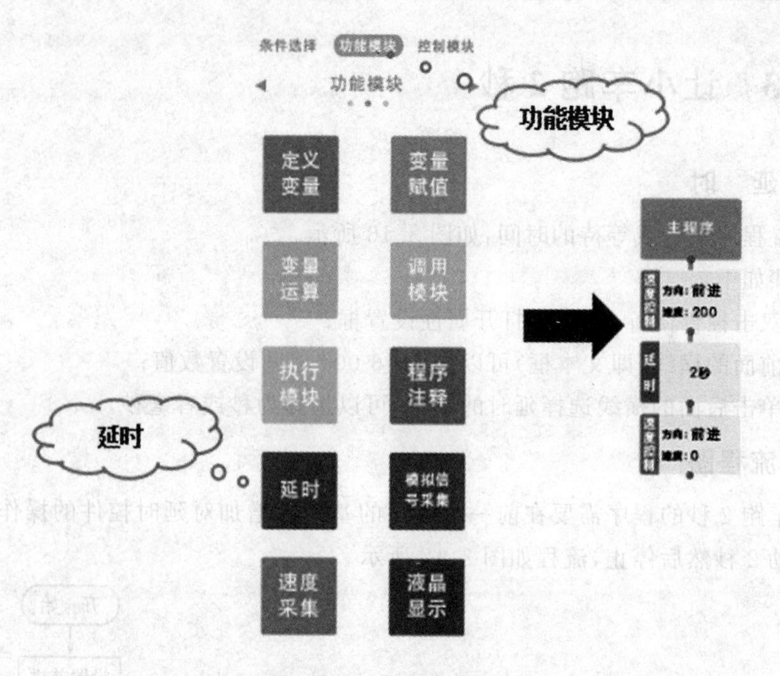

图 3.18　小车跑 2 秒程序

件到编程区，设定参数为“延时 2 秒”；最后拖动一个“速度控制”图形控件到编程区，设定参数为“方向：前进，速度：0”来结束程序，如图 3.20 所示。

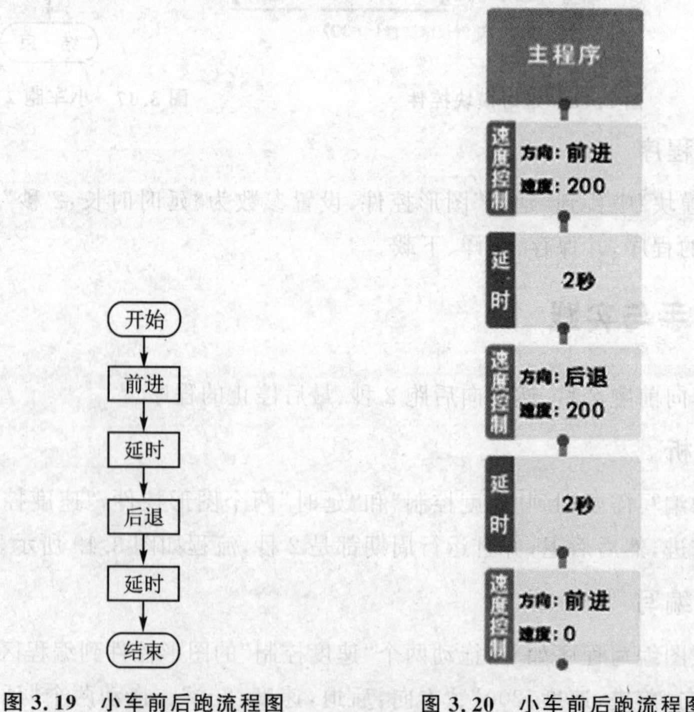

图 3.19　小车前后跑流程图　　图 3.20　小车前后跑流程图

练习与巩固

1. 汽车发动时，速度并不是一开始就很快，而是慢慢加速变快的，读者可自己完成这个加速的过程，让小车速度越来越快地运行。先让小车以200的速度运行1秒，然后以400的速度运行1秒，再以600的速度运行1秒最后停止。

2. 让小车以200的速度前进2秒，以400的速度后退2秒，最后停止。

拓展与提高：汽车动力系统

汽车动力系统就是指将发动机产生的动力，经过一系列的动力传递，最后传到车轮的整个机械布置的过程。发动机运转实际上是曲轴在旋转，曲轴的一端固定连接一个飞轮，此飞轮与离合器配合来控制飞轮与变速器的连接通断，动力经过变速器的变速后，通过两个方向节和传动轴将动力传到差速器，由差速器将动力平均分到两侧车轮的减速器，通过减速器的双曲线齿轮传到车轮。从空气动力学方面说，汽车的动力原理是这样的：一辆汽车在行使时会对相对静止的空气造成不可避免的冲击，空气会因此向四周流动，而蹿入车底的气流便会被暂时困于车底的各个机械部件之中，空气会被行使中的汽车拉动，所以当一辆汽车飞驰而过之后，地上的纸张和树叶会被卷起。此外，车底的气流会对车头和引擎舱内产生一股浮升力，从而削弱车轮对地面的下压力，影响汽车的操控表现。另外，汽车的燃料在燃烧推动机械运转时已经消耗了一大部分动力，而当汽车高速行使时，一部分动力也会被用作克服空气的阻力。所以，空气动力学对于汽车设计的意义不仅仅在于改善汽车的操控性，同时也是降低油耗的一个窍门。

汽车传动系统的组成和布置形式是随发动机的类型、安装位置以及汽车用途的不同而变化的。例如，越野车多采用四轮驱动，则它的传动系统中就增加了分动器等总成。而对于前置前驱的车辆，它的传动系统中就没有传动轴等装置。

机械式传动系统常见布置形式主要与发动机的位置及汽车的驱动形式有关，可分为：

(1) 前置后驱——FR：发动机前置、后轮驱动

这是一种传统的布置形式，国内外的大多数货车、部分轿车和部分客车都采用这种形式。

(2) 后置后驱——RR：发动机后置、后轮驱动

大型客车上多采用这种布置形式，少量微型、轻型轿车也采用这种形式。发动机后置，使前轴不易过载，并能更充分地利用车箱面积，还可有效地降低车身地板的高度或充分利用汽车中部地板下的空间安置行李，也有利于减轻发动机的高温和噪声对驾驶员的影响。缺点是发动机散热条件差，行驶中的某些故障不易被驾驶员察觉。远距离操纵也使操纵机构变得复杂、维修调整不便。但由于优点较为突出，在大型客车上应用越来越多。

(3) 前置前驱——FF:发动机前置、前轮驱动

这种形式操纵机构简单、发动机散热条件好。但上坡时汽车质量后移,从而使前驱动轮的附着质量减小,驱动轮易打滑;下坡制动时则由于汽车质量前移,前轮负荷过重,高速时易发生翻车现象。现在大多数轿车采取这种布置形式。

(4) 越野汽车的传动系统

越野汽车一般为全轮驱动,发动机前置,在变速箱后装有分动器来将动力传递到全部车轮上。目前,轻型越野汽车普遍采用 4×4 驱动形式,中型越野汽车采用 4×4 或 6×6 驱动形式,重型越野汽车一般采用 6×6 或 8×8 驱动形式。

第4课 小车炫特技

任务导航

漂移、超车、S形绕弯是在电影和游戏中经常可以看到的特技动作，接下来就来学习怎么用小车表演这些特技动作。

实验器材

蓝宙智能车。

阅读与思考

蓝宙智能车采用舵机来实现转向。舵机，如图4.1所示，是遥控模型控制动作的动力来源，不同类型的遥控模型所需的舵机种类也随之不同。它是由直流电机、减速齿轮组、传感器和控制电路组成的一套自动控制系统，通过发送信号指定输出轴旋转角度。一般而言，舵机都有最大旋转角度(比如180°)，与普通直流电机的区别主要在，直流电机是一圈圈转动的，而舵机只能在一定角度内转动，不能一圈圈转(数字舵机可以在舵机模式和电机模式中切换，没有这个问题)。普通直流电机无法反馈转动的角度信息，而舵机可以。用途也不同，普通直流电机一般用来整圈转动做动力，舵机用来控制某物体转动一定角度(比如机器人的关节)。

图4.1 舵机实物图

4.1 转向控制

“转向控制”控件如图4.2所示，用来控制小车的转向，如：

① 角度对应小车转向；

② 从右到左，角度的值可以在－15～15之间设置。

图4.2 转向控制控件

4.2 小车右转向

首先来完成这样的一个任务：小车前行 500 ms，然后向右转向 500 ms 停止。

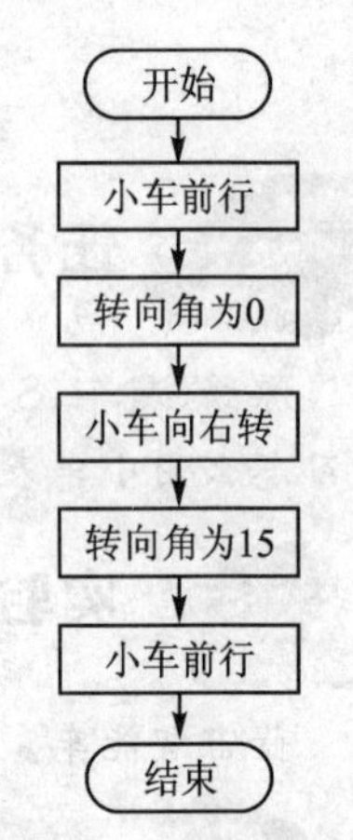

图 4.3 小车右转向流程图

1. 分　析

小车转向是在小车已经行驶的基础上，所以首先要让小车跑起来。前面已经介绍了如何让小车跑起来，流程如图 4.3 所示，这里不再叙述。

2. 程序编写

① 在“控制模块”中找到“转向控制”图形控件，拖动两个“转向控制”控件（如图 4.4 所示）到编程区，并分别设定值为 0（表示直行）和 15（表示右转向）。

② 编写好如图 4.5 所示的程序，保存、编译、下载。

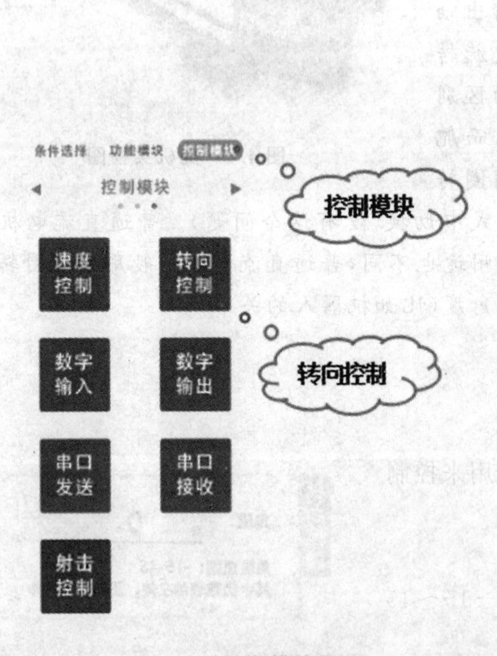

图 4.4 控制模块界面

图 4.5 小车右转向程序

4.3　调用模块和执行模块

调用模块与执行模块如图 4.6 所示，用来封装子程序使用，设置如下：

图 4.6　子程序控件

① 双击控件图标，则可以打开属性设置框；
② 在执行模块上可以设定子程序的模块号，可以在 1～1 000 之间设置；
③ 执行模块指定了模块后就可以在调用模块里面选择模块号。

4.4　S 形绕弯

图 4.7 是我们经常可以看到的 S 形路况，也是赛车电影和游戏中经常用来表演漂移特技的赛道。大家想一想如何利用小车来完成这个任务呢？

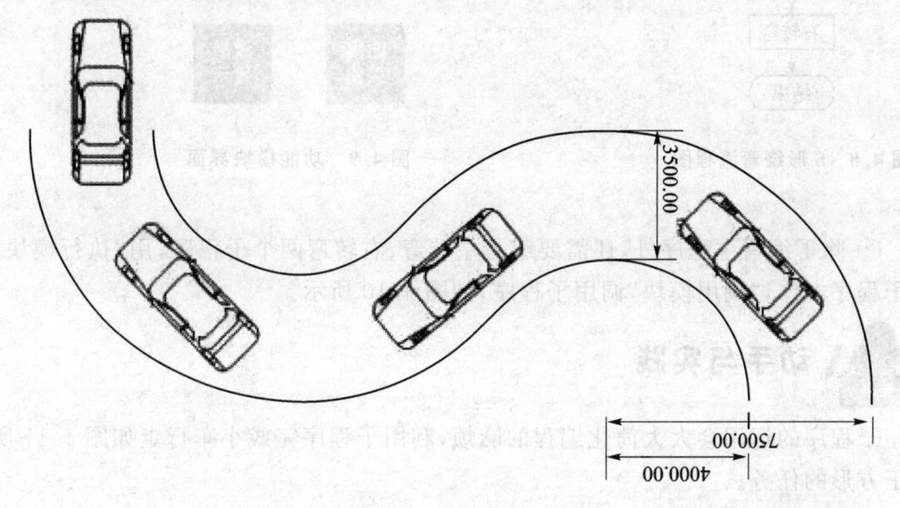

图 4.7　S 形绕弯赛道

1. 分　析

S 形绕弯是由一系列的转弯动作来实现的，可以把该任务分解为小车直行、左转弯、右转弯、左转弯、右转弯，如图 4.8 所示。分解完任务后可以看到小车会重复左右转弯的动作，对于这种重复性的动作，如果每次都编写一段相同的代码去实现，则会导致程序代码变得特别麻烦，所以引入子程序来简化这一部分的任务。

2. 程序编写

① “调用模块”和“执行模块”位于“功能模块”的选项中(如图 4.9 所示),两者共同构成了子程序,“调用模块”是子程序的入口,“执行模块”是子程序的本体。

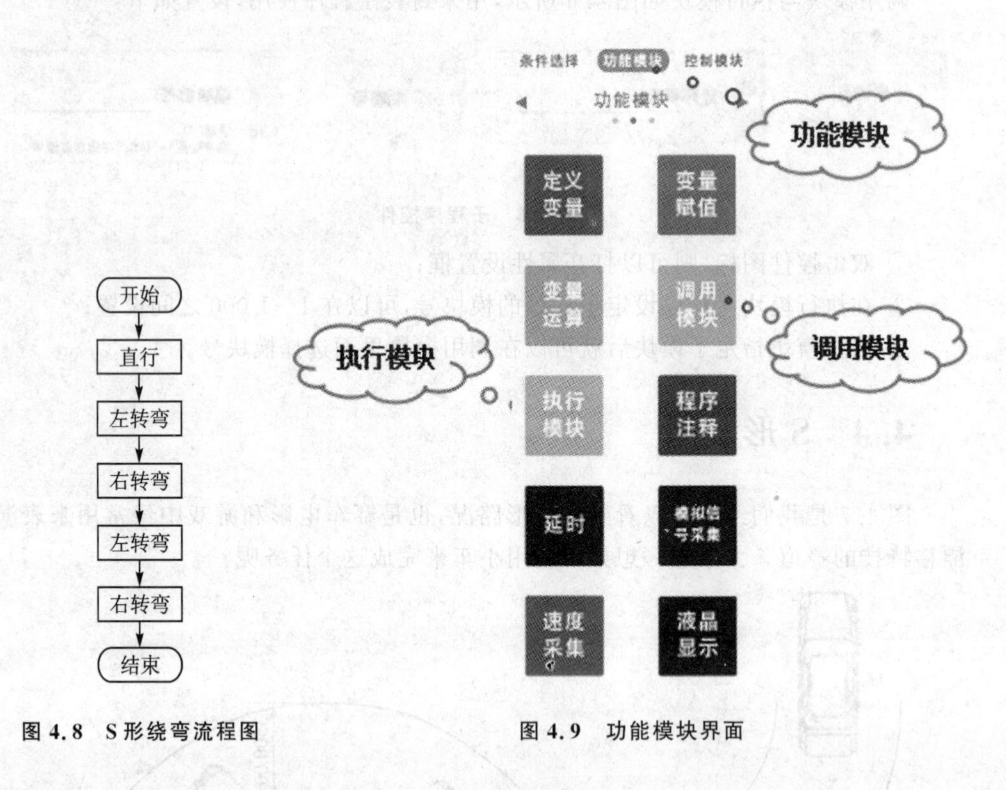

图 4.8 S 形绕弯流程图

图 4.9 功能模块界面

② 除了编写主程序外,还需要编写左转弯、右转弯两个子程序,用“执行模块”编写子程序本体,“调用模块”调用子程序,如图 4.10 所示。

动手与实践

子程序的运用会大大简化编程的麻烦,利用子程序完成小车行走如图 4.11 所示的正方形的任务。

1. 分 析

正方形四条边都是等长的距离,所以小车完成每一边都是一个相同的过程,这个相同的过程可以用子程序来完成。每个子程序流程图包括小车前进、转向最后停止这 3 个动作,正方形走单边子程序的流程如图 4.12 所示。

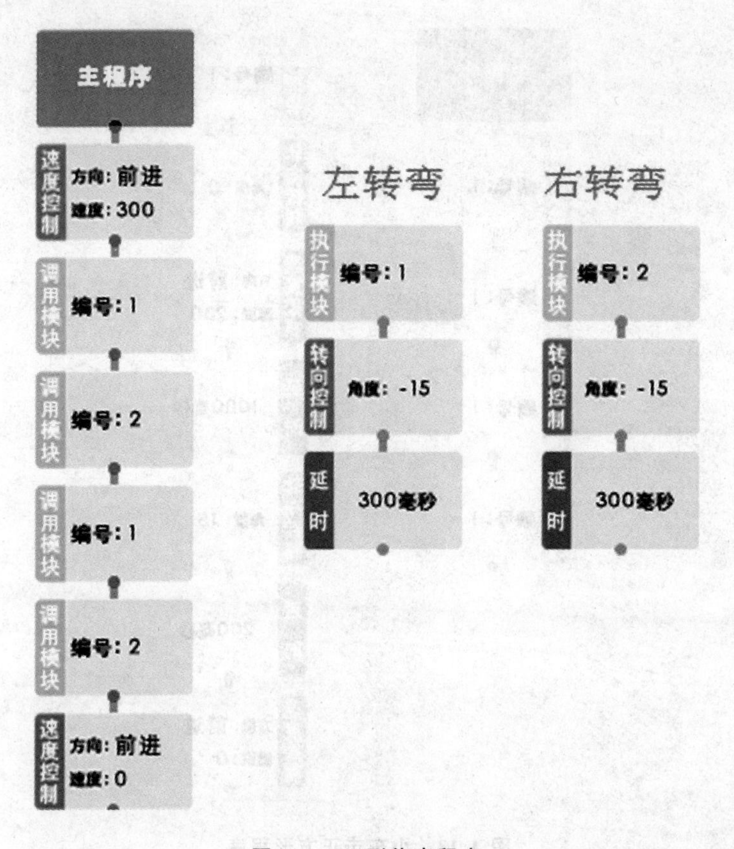

图 4.10 S形绕弯程序

图 4.11 正方形赛道　　　图 4.12 正方形走单边子程序流程

2. 程序编写

子程序编写完成后，主程序只须使用“调用模块”的图形控件调用 4 次子程序即可完成任务，如图 4.13 所示。

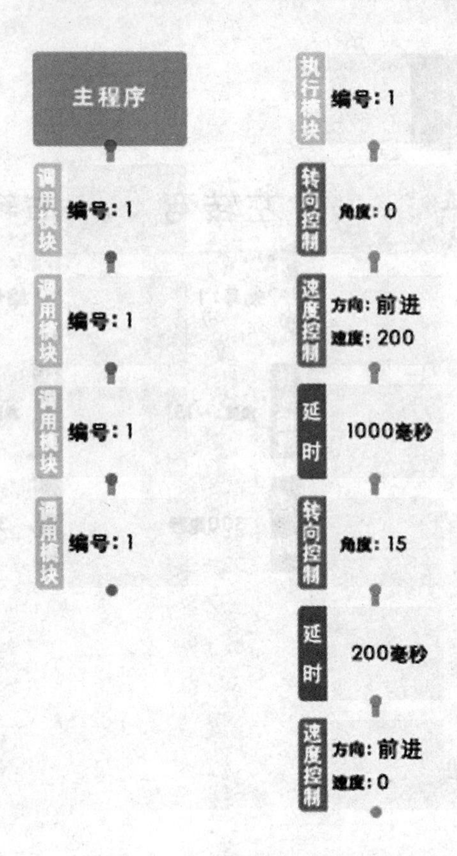

图 4.13　小车走正方形程序

练习与巩固

1. 倒车入库是驾校考试的必考项目，自己编写程序完成倒车入库的动作。

2. 赛车游戏比拼的就是速度，所以超车是小车必须掌握的特技，编程来完成这一特技。

3. 完成了正方形行走的任务，再把任务延伸一下，如何让小车完成走长方形的任务呢？想想有几种方法？

拓展与提高：舵机工作原理

舵机是一种位置伺服的驱动器，如图 4.14 所示，主要是由外壳、电路板、无核心电机、齿轮与位置检测器构成。其工作原理是由接收机或者单片机发出信号给舵机，其内部有一个基准电路，产生周期为 20 ms、宽度为 1.5 ms 的基准信号，将获得的直流偏置电压与电位器的电压比较，获得电压差输出。经由电路板上的 IC 判断转动方向，再驱动无核心电机开始转动，透过减速齿轮将动力传至摆臂，同时由位置检测器送回信号，判断是否已经到达定位，适用于那些需要角度不断变化并可以保持的控制系统。当电机转速一定时，通过级联减速齿轮带动电位器旋转，使得电压差为 0，电机停止转动。一般舵机旋转的角度范围是 0°～180°。

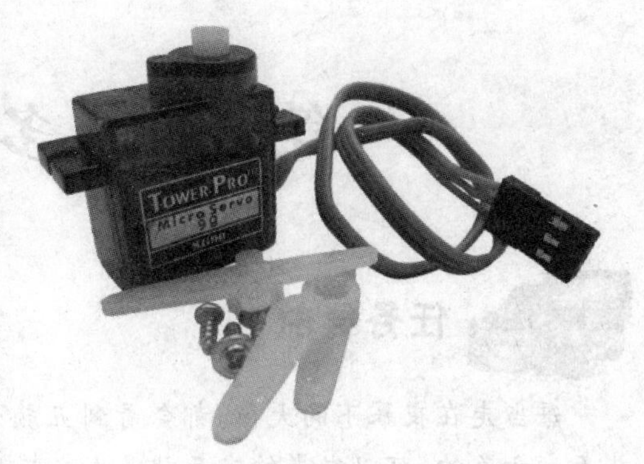

图 4.14　舵　机

舵机有很多规格，但所有的舵机都有外接 3 根线，分别用棕、红、橙 3 种颜色进行区分。由于舵机品牌不同，颜色也有所差异，棕色为接地线，红色为电源正极线，橙色为信号线，如图 4.15 所示。

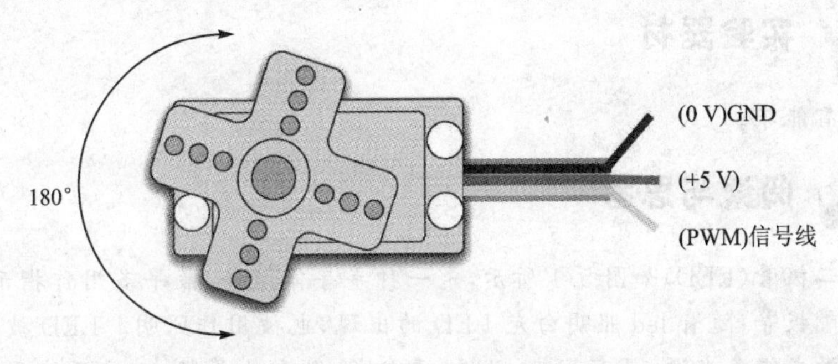

图 4.15　舵机信号线

舵机的转动角度是通过调节 PWM(脉冲宽度调制)信号的占空比来实现的，标准 PWM 信号的周期固定为 20 ms(50 Hz)，理论上脉宽分布应在1～2 ms 之间。而事实上脉宽可在 0.5～2.5 ms 之间，与脉宽和舵机的转角 0°～180°相对应(如图 4.16 所示)。注意，由于舵机品牌不同，对于同一信号，不同品牌的舵机旋转的角度也有所不同。

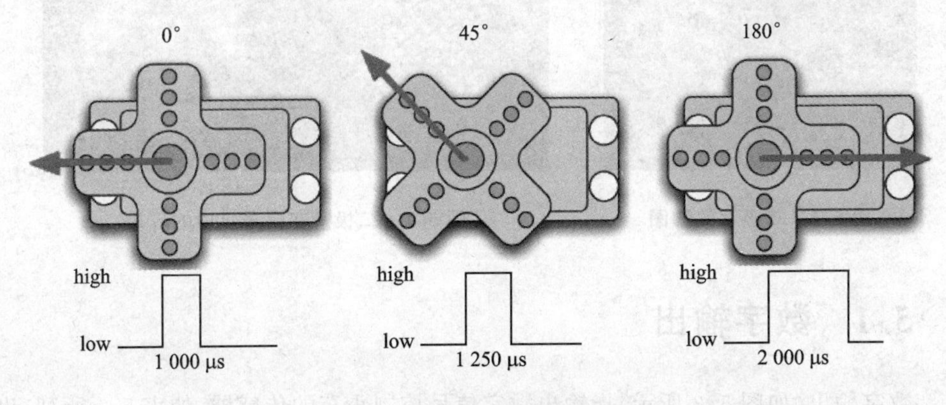

图 4.16　舵机驱动信号

第 5 课　多彩小车灯

任务导航

每当走在夜幕下的大街，都会看到五颜六色的店牌在闪烁，美丽极了。其实，这些五颜六色的、可以发光的东西就是发光二极管，我们的小车上也带了很多这种二极管，本章将学习如何使用它们。

实验器材

蓝宙智能车。

阅读与思考

发光二极管(LED)如图 5.1 所示，是一种半导体组件，最早多用作指示灯、显示发光二极管板等；随着 led 照明白光 LED 的出现，也被用作照明。LED 被称为第四代照明光源或绿色光源，具有节能、环保、寿命长、体积小等特点，广泛应用于各种指示、显示、装饰、背光源、普通照明和城市夜景等领域。根据使用功能的不同，可以将其划分为信息显示、信号灯(如图 5.2 所示)、车用灯具、液晶屏背光源、通用照明 5 大类。

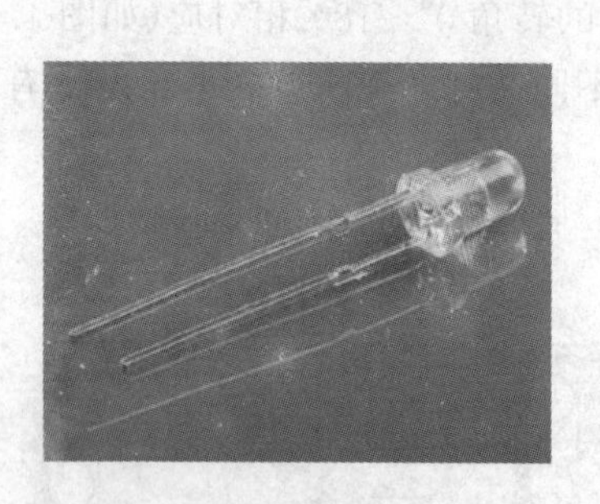

图 5.1　二极管实物图

图 5.2　二极管在信号灯中的应用

5.1　数字输出

数字输出(如图 5.3 所示)指输出数字信号控制小车的传感器，如表 5.1 所列，设置如下：

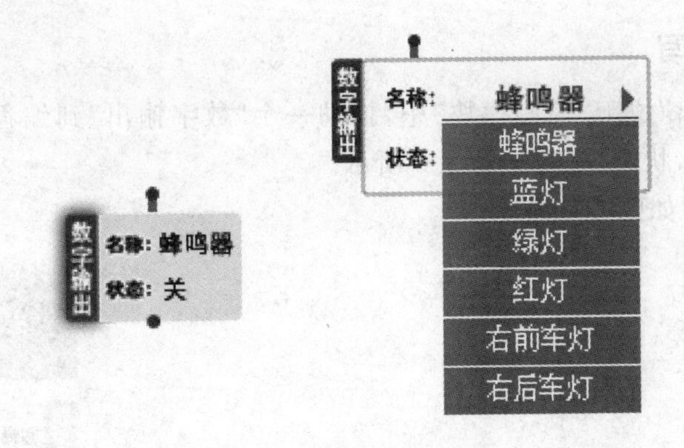

图 5.3　数字输出模块控件

表 5.1　数字输出名称列表

序　号	名　称	序　号	名　称
1	蜂鸣器	8	左前车灯
2	蓝灯	9	循迹模块开关
3	绿灯	10	无线模块开关
4	红灯	11	预留 1
5	右前车灯	12	预留 2
6	右后车灯	13	预留 3
7	左后车灯	14	预留 4

① 双击控件图标，则可以打开属性设置框；
② 数字输出控件可以实现列表中包含的功能；
③ 输出状态可以自行选择开或者关。

5.2　制作转向灯

转向灯是汽车转弯时必须亮起的灯，主要起提示作用，司机需要向哪个方向转弯就会亮起对应侧的车灯。制作一个左转向灯，告诉其他小车你要向左转。

1. 分　析

要完成这一任务需要用到“速度控制”、“转向控制”、“延时”、“数字输出”4 个图形控件。小车需要先直行，然后点亮左后车灯开始向左转，最后停止，流程如图 5.4 所示。

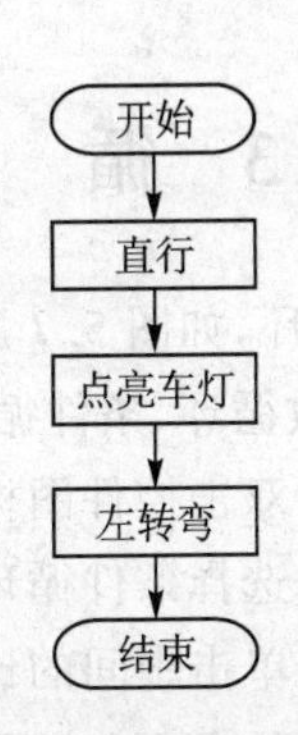

图 5.4　转向灯流程图

2. 程序编写

①“数字输出”位于“控制模块”中，拖动一个“数字输出”到编程区，设置参数为“名称：左后车灯，状态：亮”，如图 5.5 所示。

② 完整程序如图 5.6 所示。

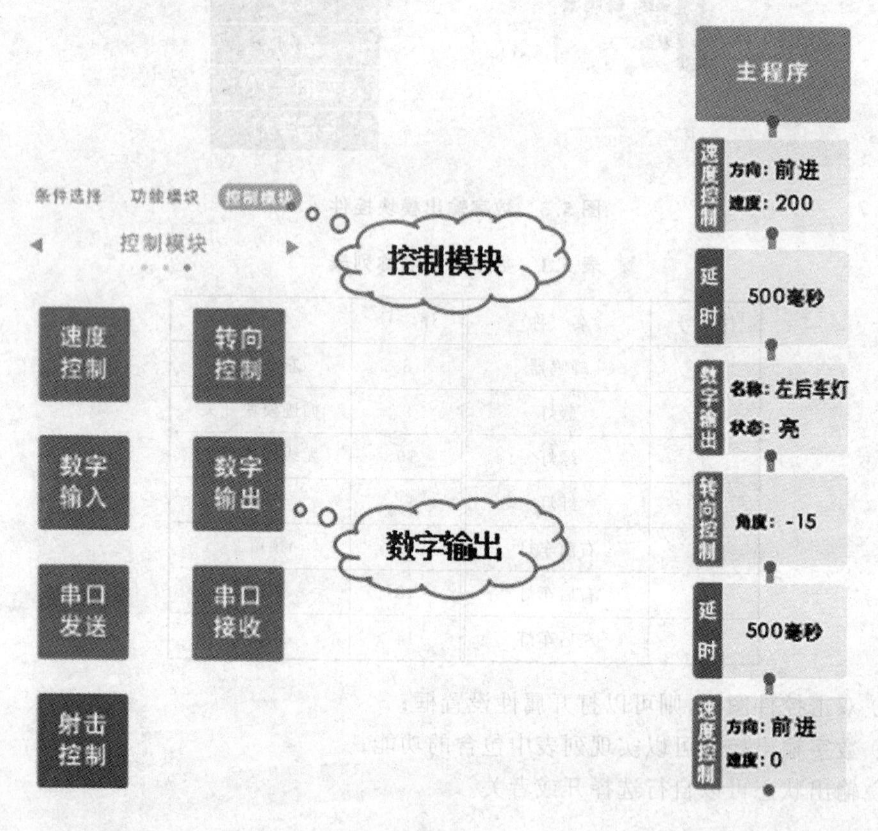

图 5.5　数字输出控件位置展示

图 5.6　转向灯程序

5.3　循　环

循环，如图 5.7 所示，用来指定程序运行的条件。程序运行条件有 3 种，永远循环、次数循环、条件循环，设置方法如下：

① 双击控件图标，则可以打开属性设置框；

② 选择条件循环时，单击右下角的方点，可以在变量和数值之间切换；

③ 单击中间的比较条件，则可以在“等于”、“大于”、“小于”、“大于等于”、“小于等于”、“不等于”之间切换；

④ 单击“加号”按钮可以添加判断的条件，新添加的其他条件可以与已有的条件

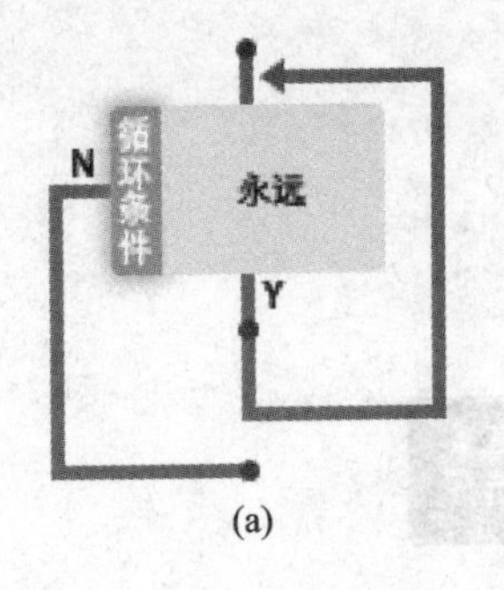

(a)

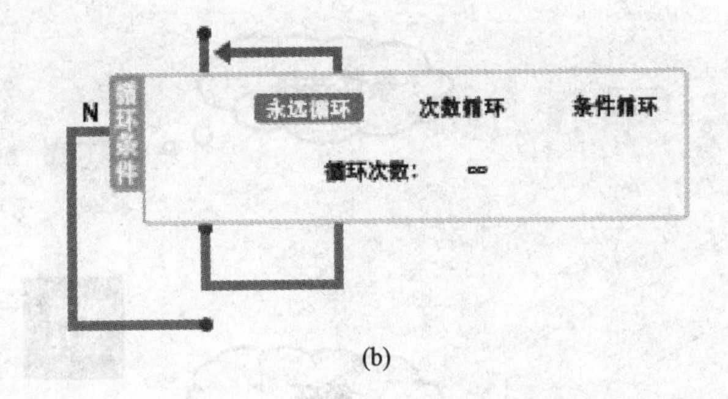

(b)

图 5.7　循环控件

之间用“并且”、“或者”两种条件之一进行连接；

⑤在次数循环中，可以在 1～1 000 之间设置程序的循环次数。

5.4　闪烁霓虹灯

想一想我们以前编写的程序会发现有一个共同的特征，就是程序运行一次就停止了，但是日常生活中的霓虹灯却是不停闪烁点亮。利用循环结构就可以制造一个不停闪烁点亮的霓虹灯。

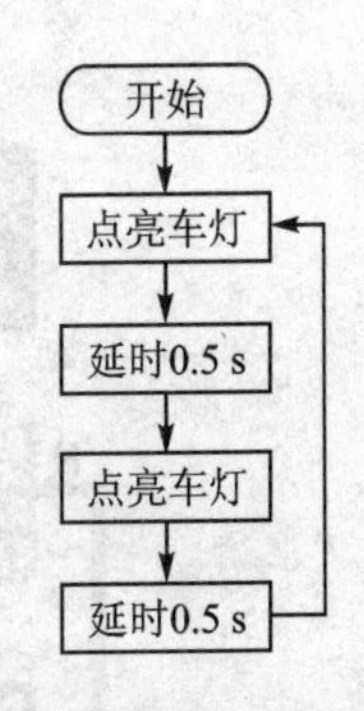

图 5.8　霓虹灯流程图

1. 分　析

LED 灯关闭一次点亮一次就可以完成一次闪烁的动作，让这个动作一直循环就可以实现不停闪烁的功能，流程如图 5.8 所示。

2. 程序编写

①“循环”控件位于“条件选择”中，如图 5.9 所示，设定参数为“永久循环”。

② 完整程序编写如图 5.10 所示。

动手与实践

流水灯指一列 LED 灯像流水的形式一样依次点亮，每次点亮一个车灯，完成流水灯程序的编写。

1. 分　析

依次点亮 4 个车灯需要利用 4 个子程序模块（如图 5.11 所示）来完成，每个子程序模块中只点亮一个车灯并熄灭其他 3 个车灯。

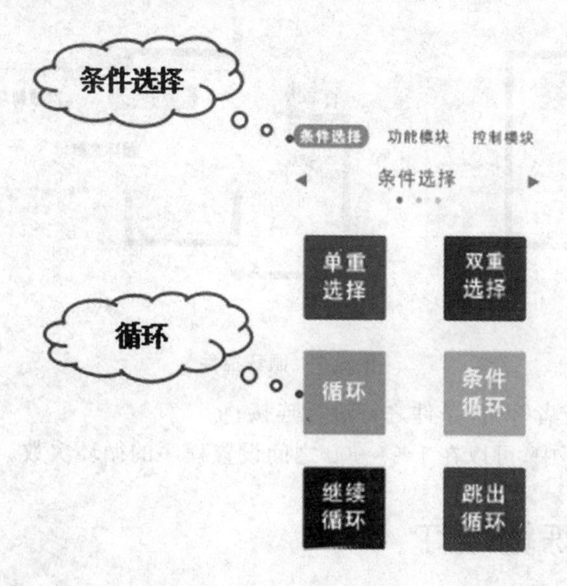

图 5.9　循环控件位置展示

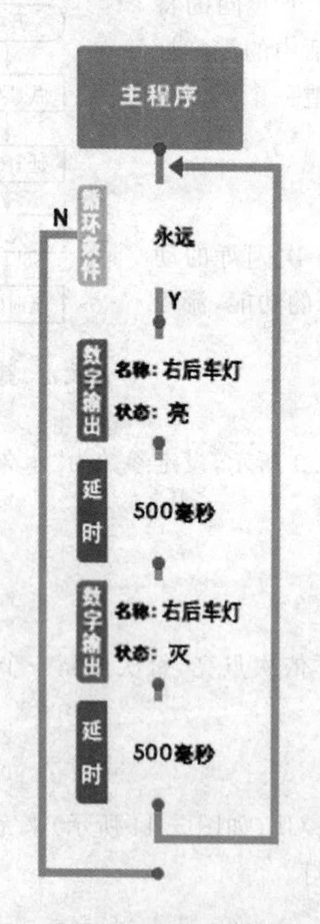

图 5.10　霓虹灯程序

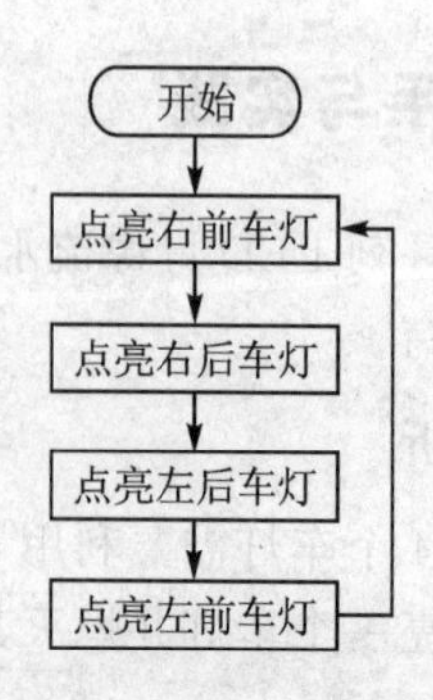

图 5.11　流水灯流程图

2. 程序编写

主程序利用循环结构依次调用 4 个子程序就可以完成流水灯的任务，如图 5.12 所示。

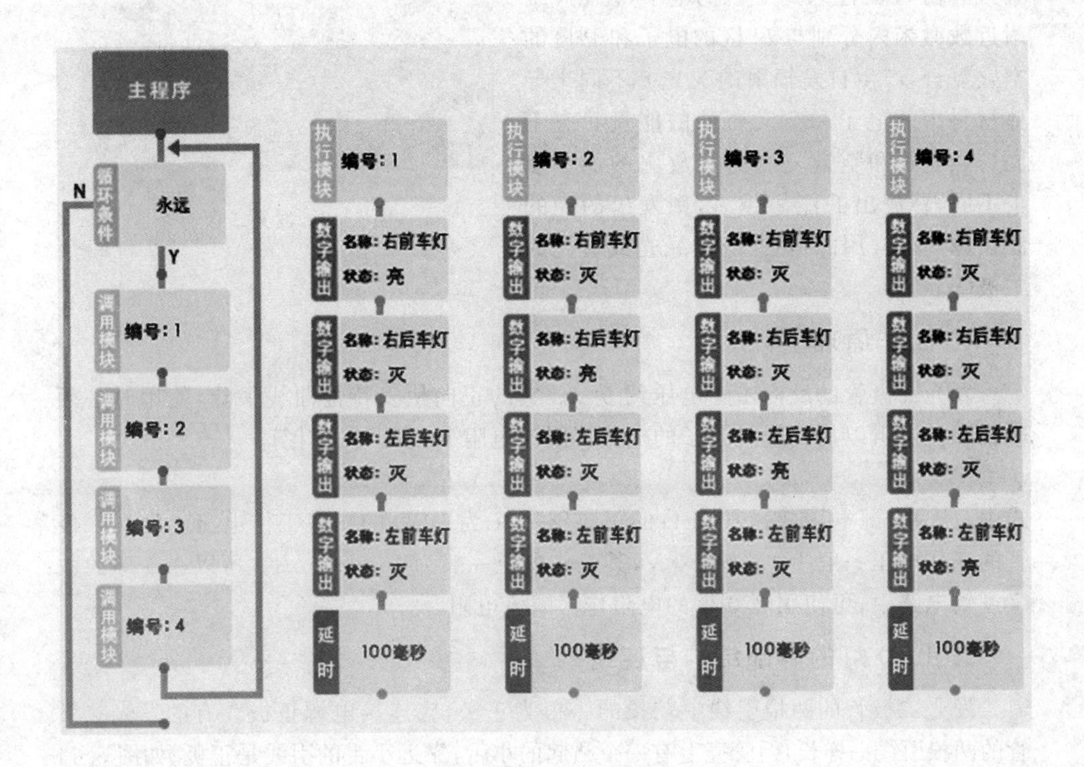

图 5.12　流水灯程序

练习与巩固

1. 用循环结构完成左右转向灯的制作。
2. 用循环结构实现 LED 灯闪烁 5 次的程序。

拓展与提高：LED 灯工作原理

发光二极管，如图 5.13 所示，简称为 LED，是由镓(Ga)与砷(AS)、磷(P)的化合物制成的二极管。当电子与空穴复合时能辐射出可见光，因而可以用来制成发光二极管，在电路及仪器中作为指示灯或者组成文字、数字显示。磷砷化镓二极管发红光，磷化镓二极管发绿光，碳化硅二极管发黄光。

发光二极管是半导体二极管的一种，可以把电能转化成光能，常简写为 LED。

发光二极管与普通二极管一样，由一个PN结组成，也具有单向导电性。当给发光二极管加上正向电压后，从P区注入到N区的空穴和由N区注入到P区的电子，在PN结附近数微米内分别与N区的电子和P区的空穴复合，产生自发辐射的荧光。不同半导体材料中的电子和空穴所处的能量状态不同。当电子和空穴复合时释放出的能量多少不同，释放出的能量越多，则发出的光的波长越短。常用的是发红光、绿光或黄光的二极管。

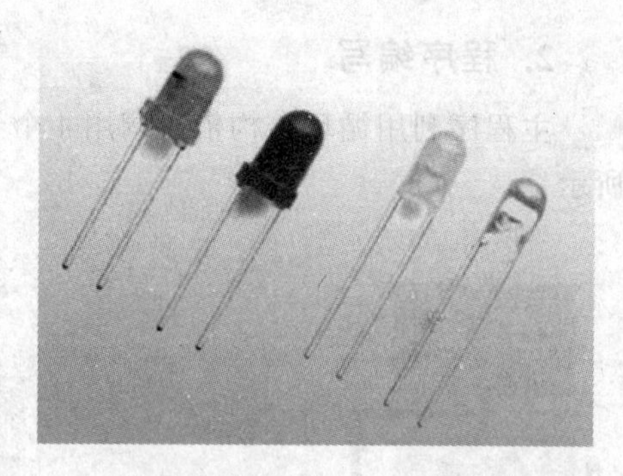

图 5.13　发光二极管

1. 工作原理

发光二极管的反向击穿电压约5 V。它的正向伏安特性曲线很陡，使用时必须串联限流电阻以控制通过管子的电流。限流电阻R可用下式计算：

$$R = (E - V_F)/I$$

式中，E为电源电压，V_F为LED的正向压降，I为LED的一般工作电流。发光二极管的工作电压一般为1.5～2.0 V，其工作电流一般为10～20 mA。所以在5 V的数字逻辑电路中，可使用220 Ω的电阻作为限流电阻。

2. LED灯的内部结构与连线

发光二极管的两根引线中较长的一根为正极，应连接电源正极。有的发光二极管的两根引线一样长，但管壳上有一个凸起的小舌，靠近小舌的引线是正极，如图5.14所示。

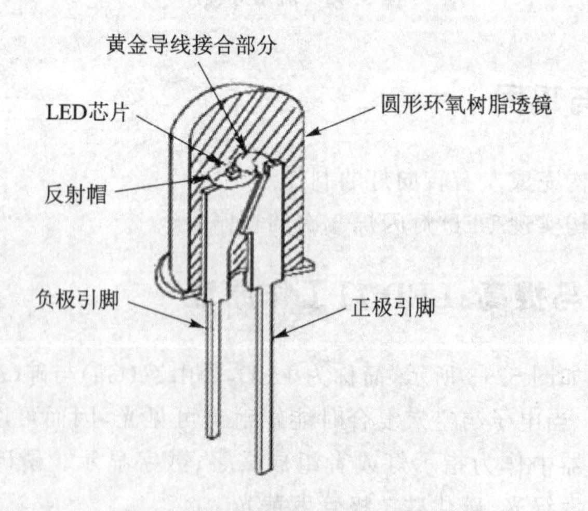

图 5.14　LED 内部机构

LED 灯有两种连线方法：当 LED 灯的阳极通过限流电阻与板子上的数字 I/O 口相连，数字口输出高电平时，LED 导通，发光二极管发出亮光；数字口输出低电平时，LED 截止，发光二极管熄灭，如图 5.15 所示。

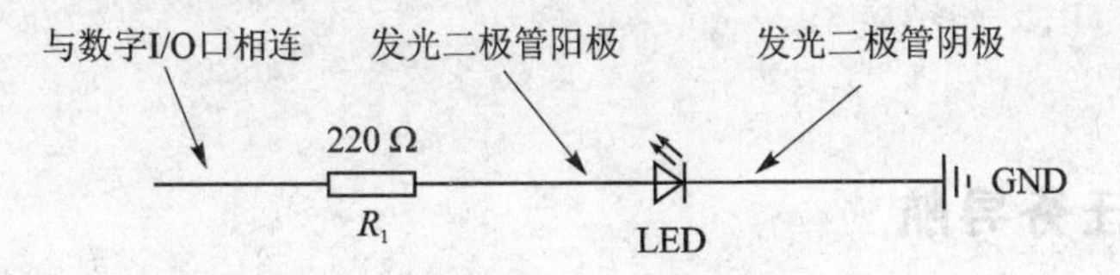

图 5.15　LED 阳极连接

当 LED 灯的阴极与板子上的数字 I/O 口相连时，数字口输出高电平，LED 截止，发光二极管熄灭；数字口输出低电平，LED 灯导通，发光二极管点亮，如图 5.16 所示。

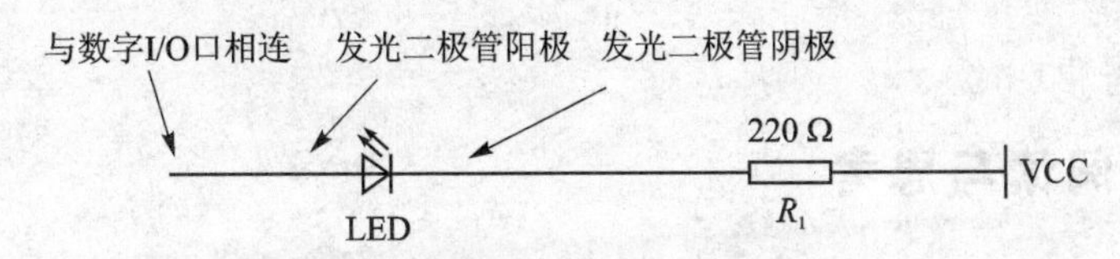

图 5.16　LED 阴极连接

第6课　小车嘀嘀叫

任务导航

无论是在警察抓罪犯、还是急救车接病人的时候都会发出刺耳的警报声，这些警报声都是由本课要学习的蜂鸣器发出来的。

实验器材

蓝宙智能车。

阅读与思考

蜂鸣器，如图6.1所示，是一种一体化结构的电子讯响器，采用直流电压供电，广泛应用于计算机、打印机、复印机、报警器、电子玩具、汽车电子设备、电话机、定时器等电子产品中作发声器件。蜂鸣器主要分为压电式蜂鸣器和电磁式蜂鸣器两种类型。蜂鸣器在电路中用字母“H”或“HA”表示，电路符号如图6.2所示。

图6.1　蜂鸣器实物图

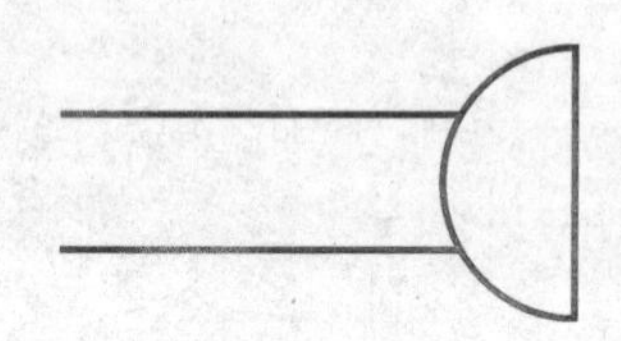

图6.2　蜂鸣器电路图符号

6.1　定义变量

1. 定义变量

定义变量控件如图6.3所示，用来定义一个临时保存数据的变量，步骤如下：

① 双击控件图标，则可以打开属性设置框；

② 变量名可以是4个字节的任意字符；

③ 变量表示的数值范围可以在0～255、0～65 535、－32 768～32 767之间设置；

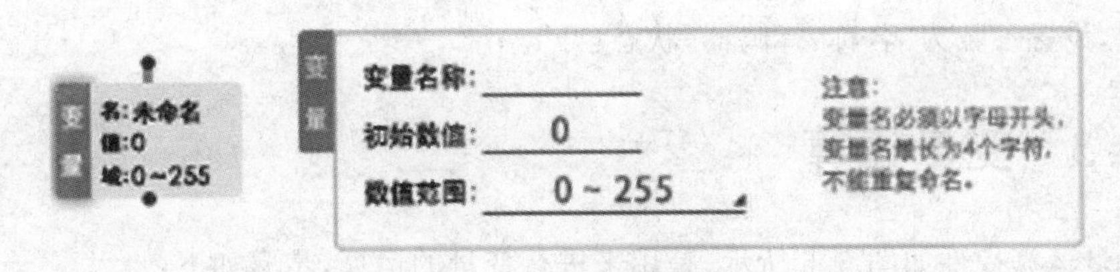

图 6.3　定义变量控件

④ 初始数值用来设置变量的初值。

注意:变量名必须以字母开头,变量名最长为 4 个字符,不能重复命名。

2. 变　量

变量是存储数据的值的空间。变量来源于数学,是计算机语言中能储存计算结果或能表示值抽象的概念。在指令式语言中,变量通常是可变的,但在纯函数式语言中变量可能是不可变的。简而言之,在计算机一些语言中,变量是可以赋任何值的,而在数学方程式中,变量一旦确定就不能改变。变量可能被明确为是能表示可变状态、具有存储空间的抽象;但另外一些语言可能使用其他概念(如 C 的对象)来指称这种抽象,而不严格地定义“变量”的准确外延。打个比方:我们现在把变量比作图书馆书架上一本编好编号的书,书名是固定不变的,但是借书的人却是在变化的,这里借阅的人就好比计算机语言里的变量,我们将常量赋值给变量。

6.2　刺耳警报声

1. 分　析

刺耳警报声就是让蜂鸣器像车灯一样间隔响起,我们已经让车灯闪烁起来了,蜂鸣器的间隔响起与车灯闪烁道理一样的,流程如图 6.4 所示。

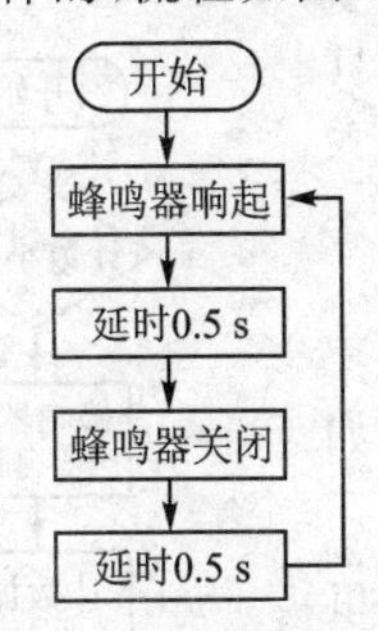

图 6.4　蜂鸣器间隔响起流程图

2. 程序编写

程序如图 6.5 所示。蜂鸣器也位于“数字输出”

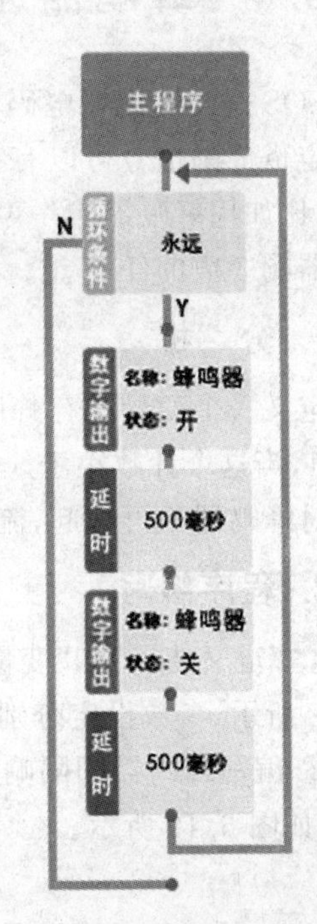

图 6.5　蜂鸣器间隔响起程序

模块中，设置参数为“名称：蜂鸣器，状态：开”。

6.3 变量运算

变量运算控件如图6.6所示，是用来进行变量的运算，步骤如下：

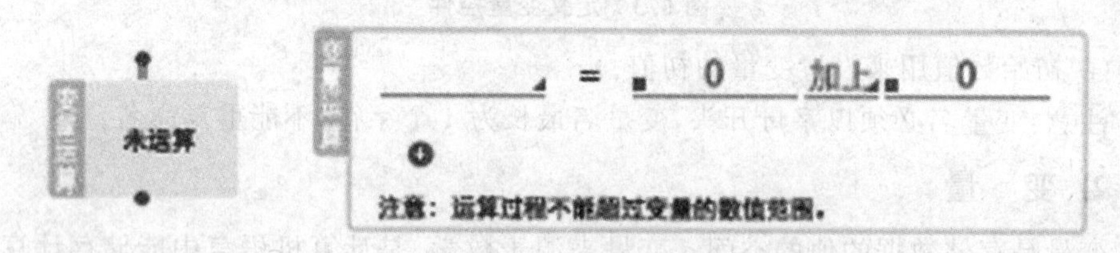

图6.6 变量运算控件

① 双击控件图标，则可以打开属性设置框；

② 在前面的横线上单击选择已经定义的变量；

③ 运算符号有“加上”、“减去”、“乘以”、“除以”、“整除”、“取余”6种；

④ 单击“加号”按钮可以添加更多的运算。

注意：运算的结果值不能超过被赋值量的数值范围。

6.4 蜂鸣器通信

SOS是国际摩斯电码救难信号，通常表示信号为“短信号-长信号-短信号”。这种约定俗成的信号可以有特殊的含义，有时也可以自己约定特定的信号表示特殊的含义，比如用蜂鸣器响一声表示数字1、响两声代表数字2等。首先我们来完成一个蜂鸣器响5声的任务。

1. 分　析

定义一个变量保存蜂鸣器的声数，蜂鸣器响一次计数加1，当这个计数小于5的时候蜂鸣器继续响一次，大于5时蜂鸣器不再响起，流程如图6.7所示。

2. 程序编写

① “定义变量”和“变量运算”都位于“功能模块”，如图6.8所示，参数设定分别如图6.9所示。

② 编写蜂鸣器间隔响起的子程序，然后在子程序里调用，如图6.10所示。

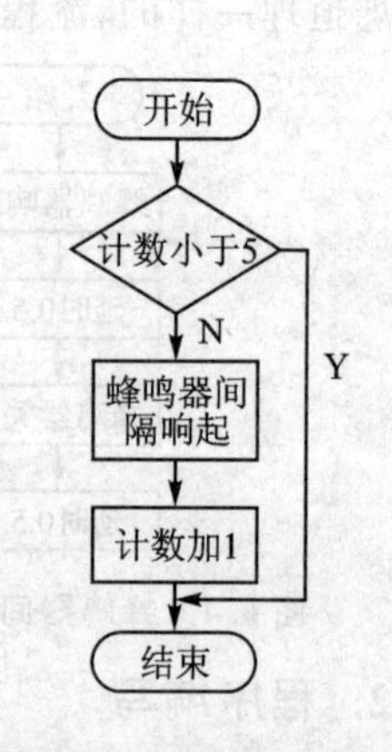

图6.7 蜂鸣器通信流程图

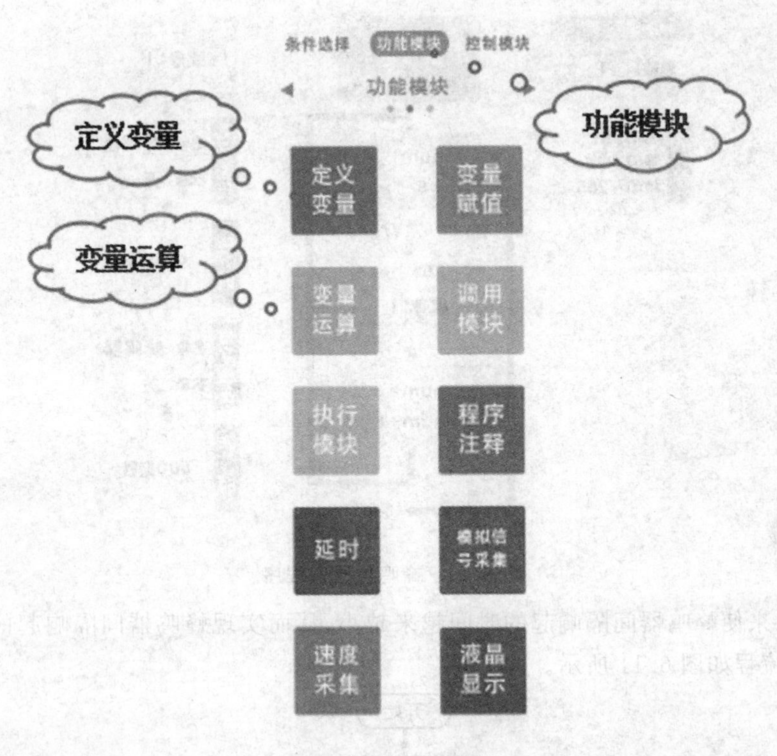

图 6.8　控件位置展示

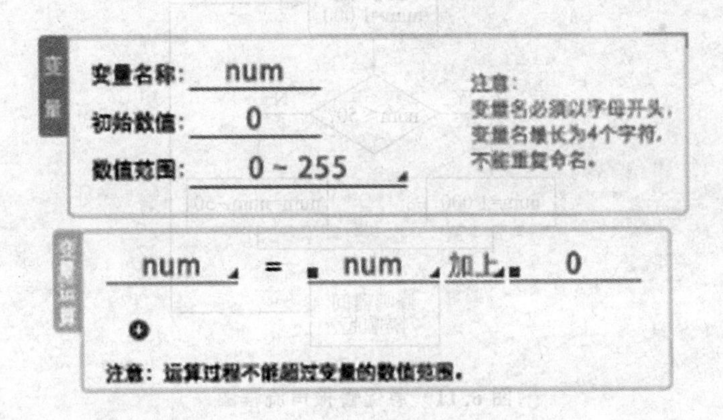

图 6.9　变量运算参数设置

动手与实践

越来越急促的警报声用来提醒紧急的事情，这里编程实现这个功能。

1. 分　析

越来越急促的警报声就是让蜂鸣器间隔响起的频率越来越快，用“变量运算”的

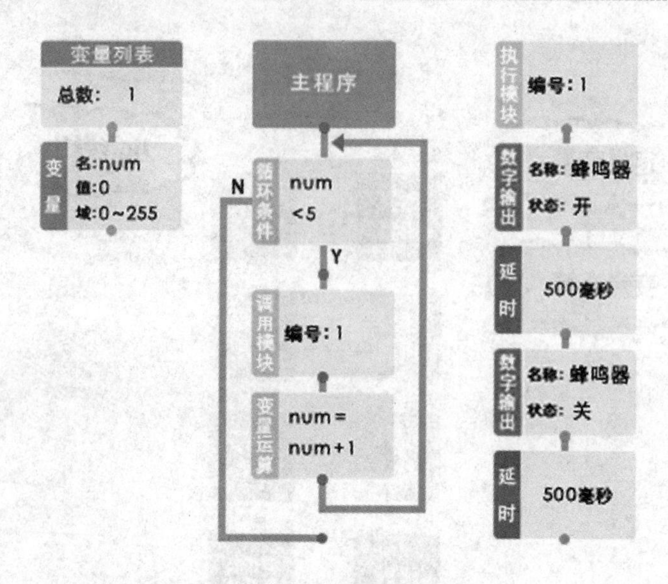

图 6.10 蜂鸣器通信程序

图形控件来使蜂鸣器间隔响起的时间越来越小,从而实现蜂鸣器间隔响起的频率越来越快,流程如图 6.11 所示。

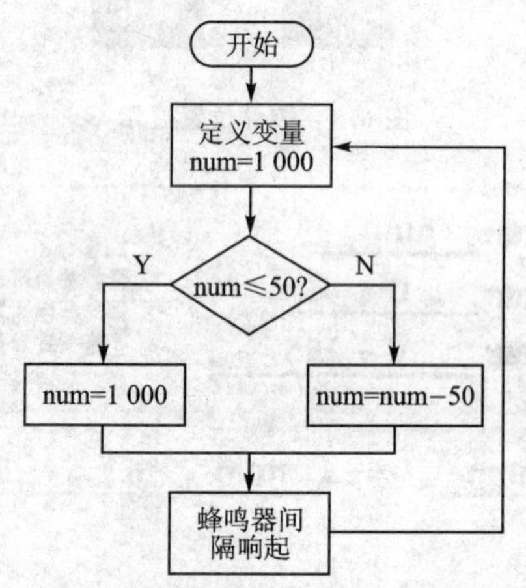

图 6.11 急促警报声流程图

2. 程序编写

① 首先需要定义一个变量 num,设定参数为“变量名称:num,初始数值:1 000,数值范围:0～65 535”,如图 6.12 所示。

② 编写一个蜂鸣器间隔响起的子程序,如图 6.13 所示,间隔响起的延时时间为 num。

③ 主程序需要做的就是对变量 num 进行计数,并且当计数小于 50 时,让计数等于 1 000,如图 6.14 所示。

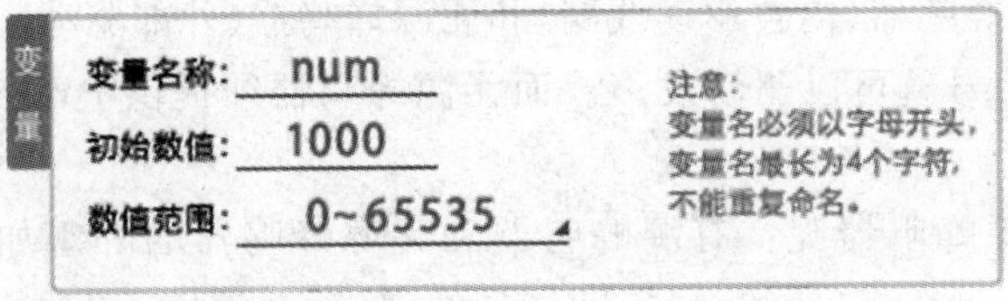

变量
变量名称: num
初始数值: 1000
数值范围: 0~65535
注意:
变量名必须以字母开头,
变量名最长为4个字符,
不能重复命名。

图 6.12 变量定义设置

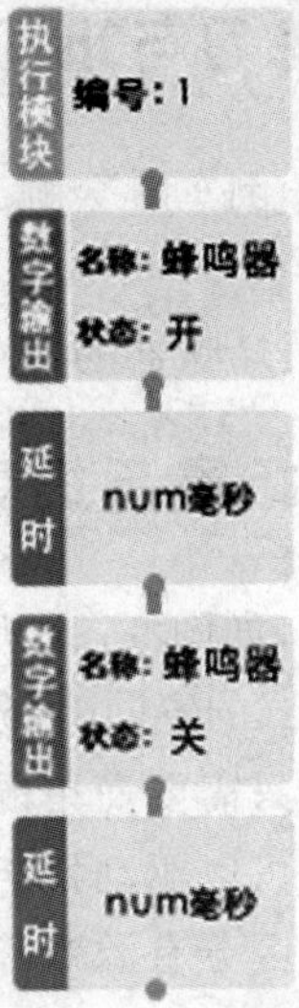

执行模块
编号: 1
数字输出
名称: 蜂鸣器
状态: 开
延时
num毫秒
数字输出
名称: 蜂鸣器
状态: 关
延时
num毫秒

图 6.13 蜂鸣器间隔响起子程序

变量列表
总数: 1
变量
名:num
值:1000
域:0~65535
主程序
循环条件
num
<5
N
Y
判断条件
num
≤50
Y
N
变量赋值
num=1000
变量运算
num=
num+50
调用模块
编号: 1
执行模块
编号: 1
数字输出
名称: 蜂鸣器
状态: 开
延时
num毫秒
数字输出
名称: 蜂鸣器
状态: 关
延时
num毫秒

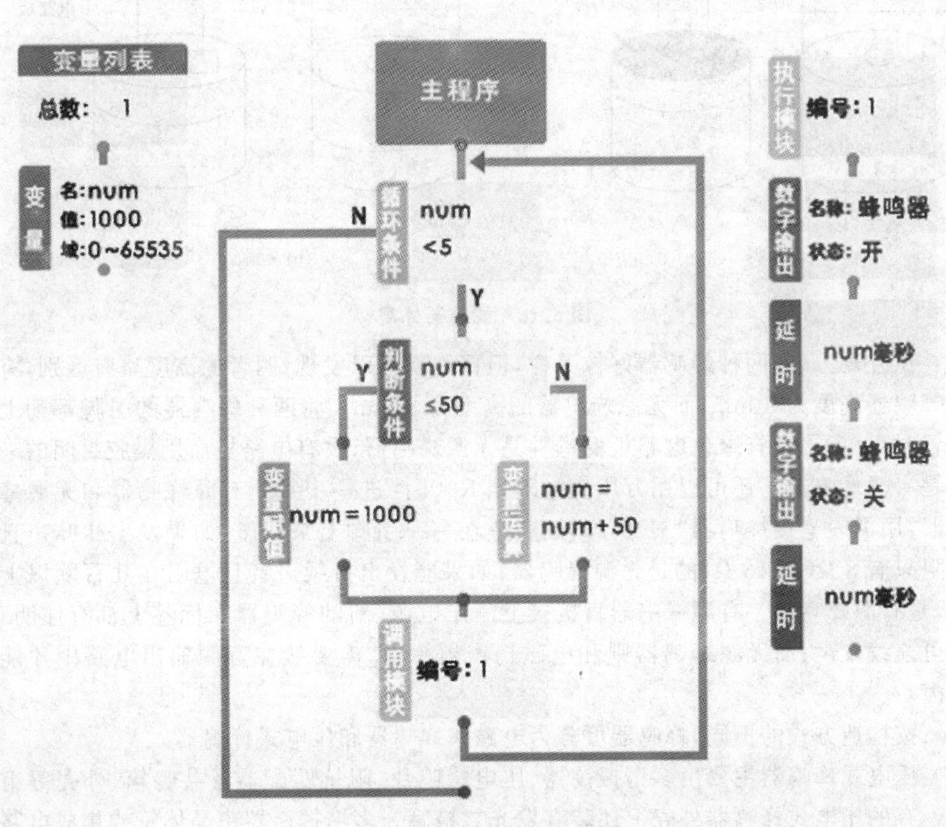

图 6.14 急促警报声程序

练习与巩固

1. 汽车倒车时会响起警报声提醒路人注意，自己编写小车倒车并且蜂鸣器间隔响起的程序。

2. 利用蜂鸣器的响声循环发送 SOS 救援信号(即短响-长响-短响)。

拓展与提高：蜂鸣器

蜂鸣器，如图 6.15 所示，是一种一体化结构的电子讯响器，采用直流电压供电。按其驱动方式的不同，可分为：有源蜂鸣器(内含驱动线路)和无源蜂鸣器(外部驱动)。有源蜂鸣器只需要简单的高电平信号就可以驱动发声。而无源蜂鸣器须提供 PWM 方波信号才可以驱动发声。

那如何区分有源蜂鸣器和无源蜂鸣器呢？有源蜂鸣器和无源蜂鸣器的外观如图 6.16 所示。

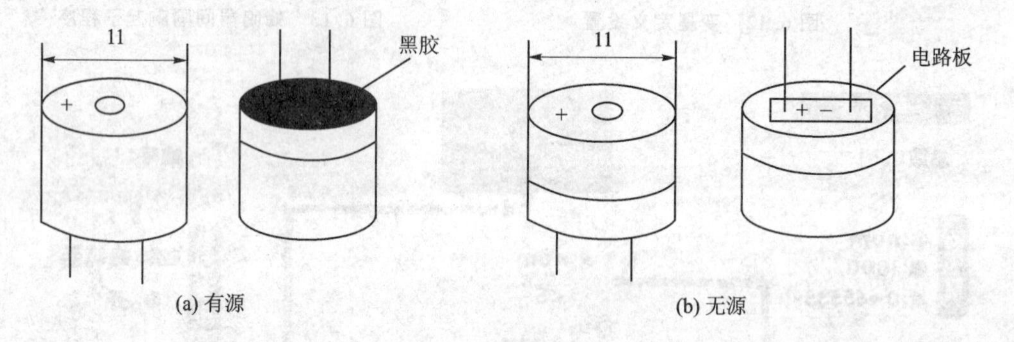

图 6.16　蜂鸣器外观

从外观上看，两种蜂鸣器好像一样，但仔细看可以发现，两者的高度略有区别，有源蜂鸣器高度为 9 mm，而无源蜂鸣器的高度为 8 mm。将两种蜂鸣器的引脚都朝上放置时可以看出，有绿色电路板的一种是无源蜂鸣器，没有电路板而用黑胶封闭的一种是有源蜂鸣器。还可以用万用表电阻挡 R×1 挡进一步判断有源蜂鸣器和无源蜂鸣器：用黑表笔接蜂鸣器“+”引脚，红表笔在另一引脚上来回碰，如果发出咔咔声且电阻只有 8 Ω(或 16 Ω)的是无源蜂鸣器；如果能发出持续声音且电阻在几百欧以上的，是有源蜂鸣器。有源蜂鸣器直接接上额定电源(新的蜂鸣器在标签上都有注明)就可连续发声；而无源蜂鸣器则和电磁扬声器一样，需要接在音频输出电路中才能发声。

按构造方式的不同，蜂鸣器可分为电磁式蜂鸣器和压电式蜂鸣器。

压电式蜂鸣器主要由多谐振荡器、压电蜂鸣片、阻抗匹配器及共鸣箱、外壳等组成。有的压电式蜂鸣器外壳上还装有发光二极管。多谐振荡器由晶体管或集成电路构成。当接通电源后(1.5～15 V 直流工作电压)，多谐振荡器起振，输出 1.5～2.5 kHz

的音频信号。阻抗匹配器推动压电蜂鸣片发声。压电蜂鸣片由锆钛酸铅或铌镁酸铅压电陶瓷材料制成。在陶瓷片的两面镀上银电极，经极化和老化处理后，再将黄铜片或不锈钢片粘在一起。

电磁式蜂鸣器由振荡器、电磁线圈、磁铁、振动膜片及外壳等组成。接通电源后，振荡器产生的音频信号电流通过电磁线圈，使电磁线圈产生磁场。振动膜片在电磁线圈和磁铁的相互作用下，周期性地振动发声。

蜂鸣器发声原理是电流通过电磁线圈，使电磁线圈产生磁场来驱动振动膜发声的，因此需要一定的电流才能驱动它，本实验用的蜂鸣器内部带有驱动电路，所以可以直接使用。当蜂鸣器连接的引脚为高电平时，内部驱动电路导通，蜂鸣器发出声音；当蜂鸣器连接的引脚为低电平时，内部驱动电路截止，蜂鸣器不发出声音。

第7课　小车识红外

任务导航

看到这个标题读者也许会问，红外线是不是可以“看见”呢？答案是不可见的。红外线是种不可见光，但在我们生活中应用广泛，比如电视用到的遥控器、空调遥控器等。通过本节课的学习，希望读者掌握小车是如何识别红外线的。

实验器材

蓝宙智能车。

阅读与思考

红外线是波长介乎微波与可见光之间的电磁波，波长在760纳米(nm)至1毫米(mm)之间、比红光长的非可见光。高于绝对零度(−273.15℃)的物质都可以产生红外线，现代物理学称之为热射线。红外线是太阳光线中众多不可见光线中的一种，由英国科学家赫歇尔于1800年发现，又称为红外热辐射。他将太阳光用三棱镜分解开，在各种不同颜色的色带位置上放置了温度计，试图测量各种颜色的光的加热效应。结果发现，位于红光外侧的那支温度计升温最快。因此得到结论：太阳光谱中，红光的外侧必定存在看不见的光线，这就是红外线，也可以当作传输媒介。

7.1　单重选择

单重选择控件如图7.1所示，用来判断是否满足设定条件，满足条件就执行指定动作，设置步骤如下：

① 双击控件图标，则可以打开属性设置框(如图7.1(a)所示)；

② 单击右下角的方点，可以在变量和数值之间切换；

③ 单击中间的比较条件，则可以在“等于”、“大于”、“小于”、“大于等于”、“小于等于”、“不等于”之间切换；

④ 单击“加号”按钮可以添加判断的条件，新添加的其他条件可以与已有的条件之间用“并且”、“或者”两种条件之一进行连接(如图7.1(b)所示)。

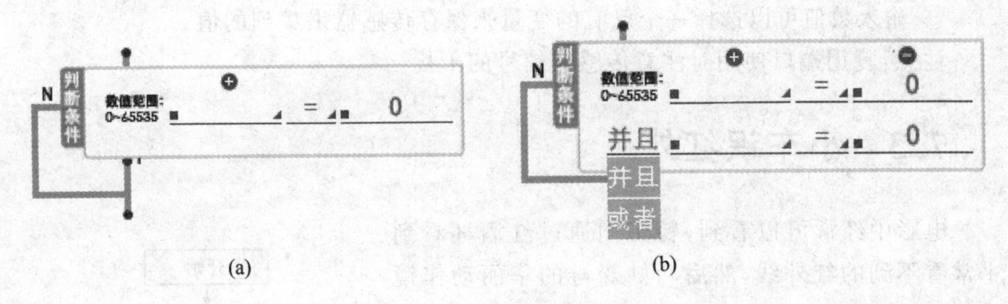

图 7.1 单重选择控件

7.2 数字输入

数字输入控件如图 7.2 所示，用来采集外部的输入信号(1 表示未采集到信号，0 表示采集到信号)。各控件名称列表如表 7.1 所列。控件设置如下：

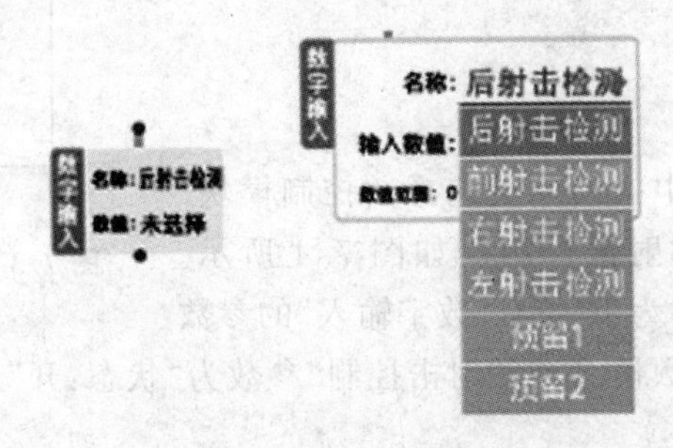

图 7.2 数字输入模块控件

表 7.1 数字输入控件名称列表

序 号	名 称	序 号	名 称
1	后射击检测(右激光复用)	9	预留 5
2	前射击检测(左激光复用)	10	预留 6
3	右射击检测	11	预留 7
4	左射击检测	12	预留 8
5	预留 1	13	预留 9
6	预留 2	14	预留 10
7	预留 3	15	预留 11
8	预留 4	16	预留 12

① 双击控件图标，则可以打开属性设置框；

② 小车自带前、后、左、右 4 个射击检测传感器；

③ 输入数值可以选择一个已有的变量来保存传感器采集到的值。

注意:复用端口使用时注意传感器信号的干扰。

7.3 小车识红外

电影中经常可以看到,特工们通过红酒杯看到平常看不到的红外线,然后巧妙躲避的华丽动作镜头,这些功能我们的小车也是具备的。编写一个程序,让小车检测到前方障碍就向右躲避。

1. 分 析

小车向前方发射红外线,若前方有障碍,则红外线被反射回来,小车接收到反射信号就向右转向避开障碍;没检测到障碍则继续前进,流程如图 7.3 所示。

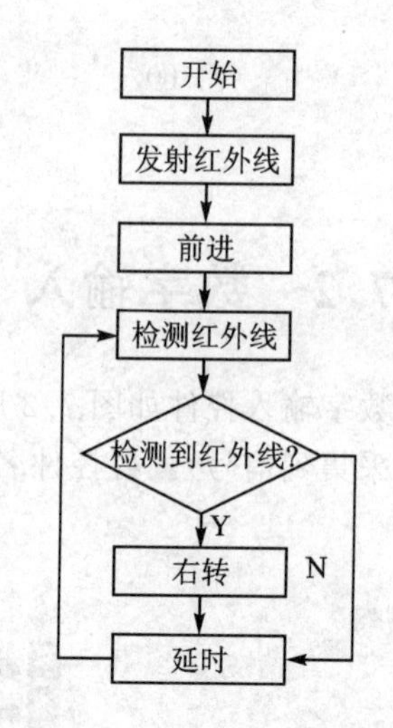

图 7.3 小车识红外流程图

2. 程序编写

① 在“条件选择”中找到单重选择,“控制模块”中找到“数字输入”和“射击控制”,如图 7.4 所示。设置“单重选择”的条件为 JC=0,“数字输入”的参数为“名称:前射击检测,数值:JC”,“射击控制”参数为“状态:开”。

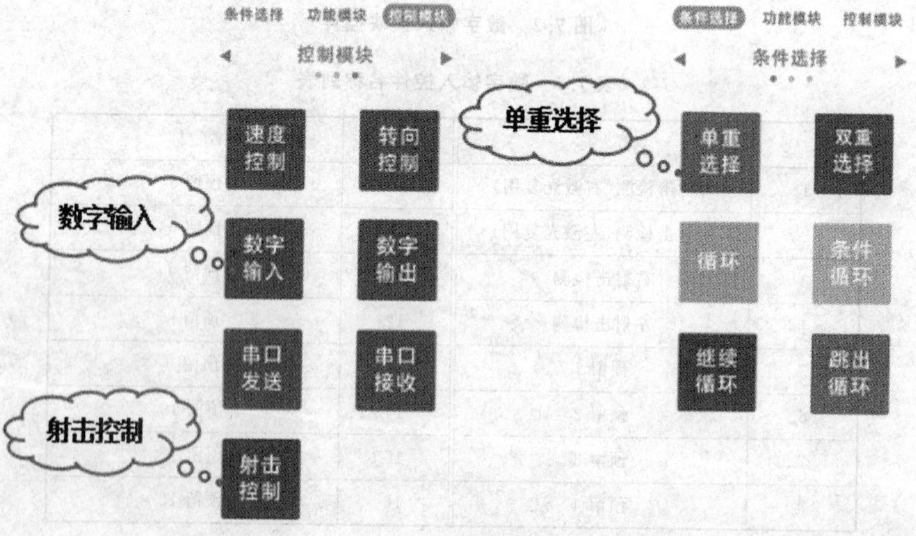

图 7.4 控件位置展示

② 定义一个变量“JC”（检测）保存检测到的红外线信号，当“前射击模块”检测到红外线时 JC=0，未检测到信号时 JC=1，如图 7.5 所示。

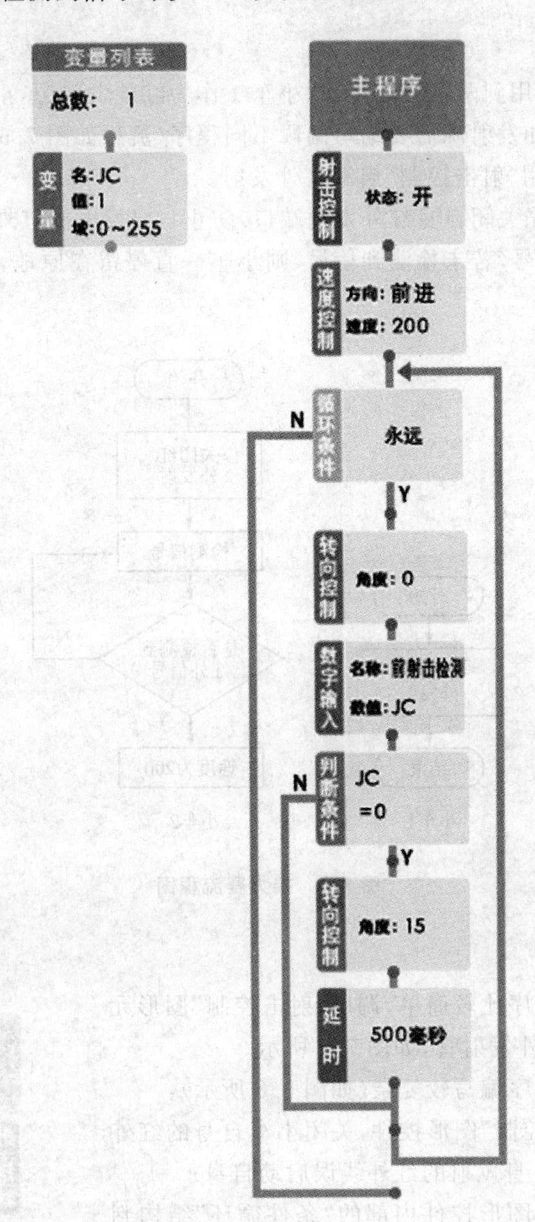

图 7.5　小车识红外程序

动手与实践

接力赛跑是运动会上常见的一个项目，小车也可以进行接力赛跑。小车有前、后、左、右 4 个射击检测传感器，小车 1 发射射击信号，小车 2 等待接收射击信号，接收到信号后小车 2 开始起跑。

1. 分　析

接力赛跑需要用到两辆智能小车，小车 1 作为红外发射源，小车 2 作为红外接收源。因此，接收源和发射源需要编写两段不同程序(流程如图 7.6 所示)：

① 小车 1：利用“射击控制”启动红外发射。

② 小车 2：首先关闭自身红外发射端口，防止自身发射的红外线误启动自己。其次等待接收启动信号，若未检测到信号，则小车一直停留在原地，直到接收到启动信号小车开始运行。

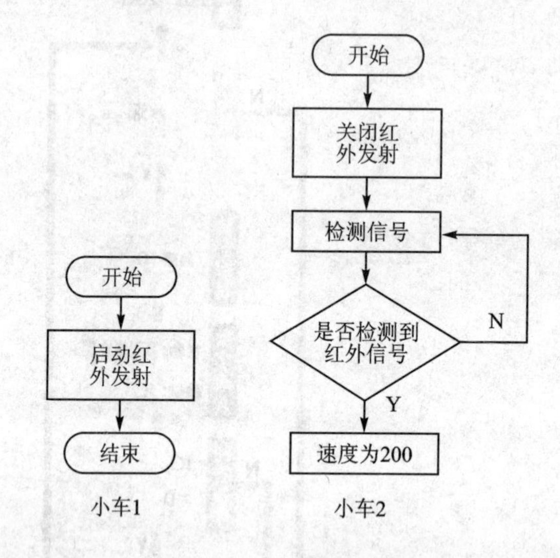

图 7.6　接力赛流程图

2. 程序编写

① 小车 1 的程序比较简单，调用“射击控制”图形元件开启小车自身红外发射管，如图 7.7 所示。

图 7.7　小车 1 程序

② 小车 2 的程序编写较复杂(如图 7.8 所示)：

ⓐ 调用“射击控制”图形控件，关闭小车自身的红外发射管，防止小车自身发射的红外线误启动自身；

ⓑ 利用“循环”图形控件内部的“条件循环”结构判断小车是否接收到红外信号，接收到信号变量，则 jc=0；未接收到信号，则 jc=1。

ⓒ 调用“数字输入”，利用变量 jc 保存右射击检测接收到的信号；

ⓓ 调用“速度控制”，但检测到红外信号后给定一个 200 的速度。

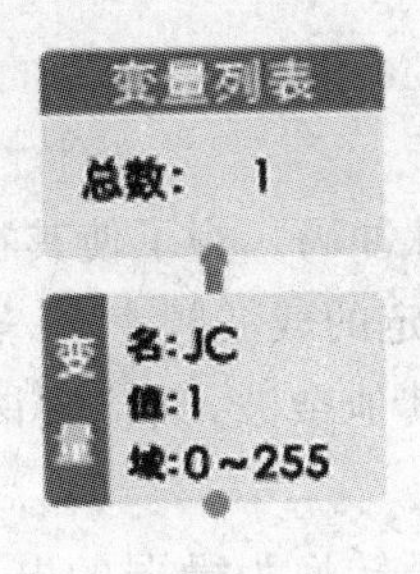

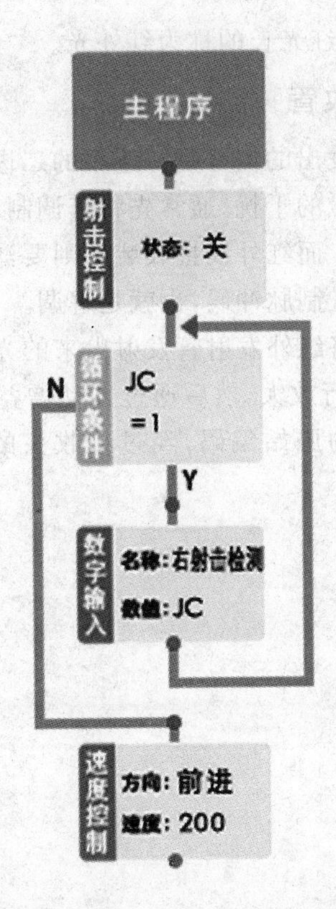

图 7.8　小车 2 程序

练习与巩固

汽车行进过程中可能遇到突发情况而停车，停车时为了提醒后方车辆，于是会亮起后面的车灯，编写程序实现“当前方检测到障碍时停车，并点亮两个后车灯”。

拓展与提高：红外管

1. 红外发射管

红外线发光二极管由红外辐射效率高的材料（常用砷化镓 GaAs）制成 PN 结，外加正向偏压向 PN 结注入电流激发红外光。光谱功率分布在中心波长 830～950 nm，半峰带宽约 40 nm。其最大的优点是可以完全无红暴（采用 940～950 nm 波长红外管）或仅有微弱红暴（红暴为有可见红光）从而延长使用寿命。光是一种电磁波，它的波长区间从几个纳米（1 nm＝10^{-9} m）到 1 mm。

人眼可见的只是其中一部分，我们称其为可见光，可见光的波长范围为 380～780 nm。可见光波长由长到短分别为红、橙、黄、绿、青、兰、紫光，波长比紫光短的称为紫外光,波长比红光长的称为红外光。

2. 红外接收管

红外遥控器发出的信号是一连串的二进制脉冲码。为了使其在无线传输过程中免受其他红外信号的干扰,通常先将其调制在特定的载波频率上,然后再经红外发射二极管发射出去。而红外线接收装置则要滤除其他杂波,只接收该特定频率的信号并将其还原成二进制脉冲码,也就是解调。

内置接收管将红外发射管发射出来的光信号转换为微弱的电信号,此信号经由IC内部放大器进行放大,然后通过自动增益控制、带通滤波、解调、波形整形后还原为遥控器发射出的原始编码,经过接收头的信号输出脚输入到电器上的编码识别电路。

中级篇

第8课　变幻显示屏

任务导航

每个大型商场前都有一个类似电视的显示屏,不断播放着各种广告,这个屏幕就是液晶显示屏。本节课就来学习智能车上显示屏的显示原理,读者可以发挥你的想象,让这个显示屏显示自己想要的图案或者数字。

实验器材

蓝宙智能车。

阅读与思考

OLED显示屏,如图8.1所示,是利用有机电源发光二极管制成的显示屏。由于同时具备自发光、不需背光源、对比度高、厚度薄、视角广、反应速度快、可用于挠曲性面板、使用温度范围广、构造及制程较简单等特性,OLED屏被认为是下一代的平面显示器新兴应用技术。

图8.1　OLED屏实物图

8.1　液晶显示

液晶显示控件如图8.2所示,用来设定小车屏幕需要显示的内容,设置步骤如下:

① 液晶显示控件的显示类型可以是字符或者变量;

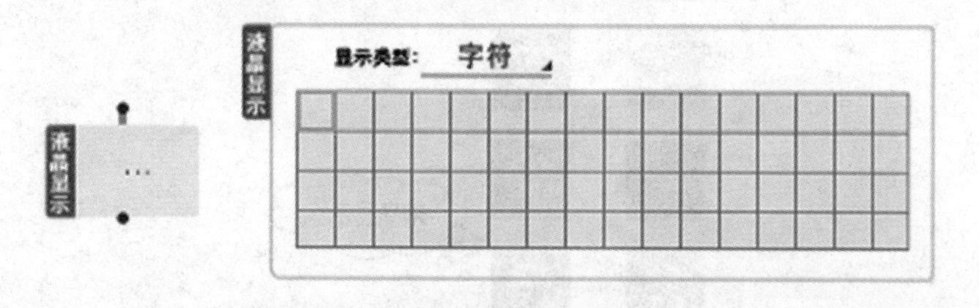

图8.2　液晶显示控件

② 当显示类型切换到变量时，用户可以自行选择需要显示的变量，变量的格式可以在 1～5 个字节之间切换，如图 8.3 所示。

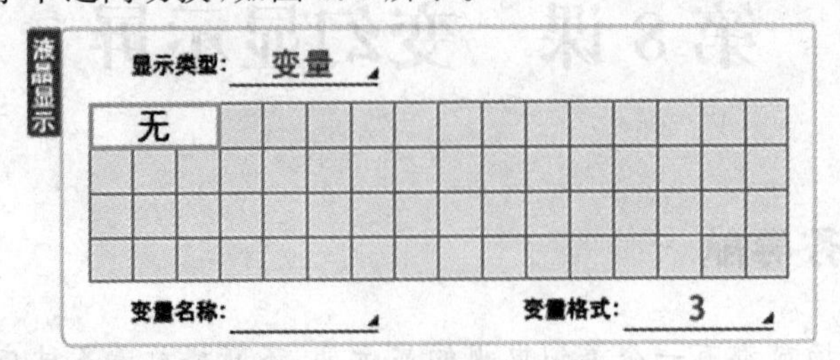

图 8.3 液晶显示属性框

8.2 变幻显示屏

商场的显示屏通常可以显示两种信息，一种是不断变化的时钟，另一种是静态显示的字符，可以自己编程来实现这两部分的显示。

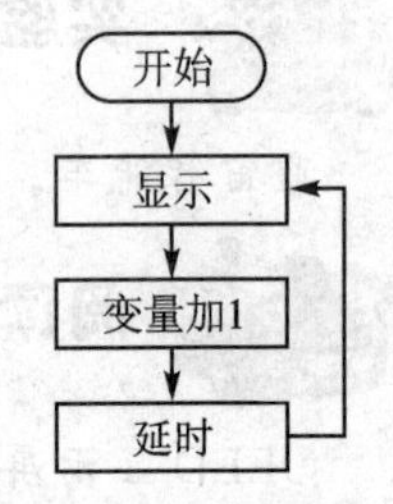

图 8.4 变幻显示屏流程图

1. 分 析

静态部分可以直接设置固态的字符显示，动态显示的部分可以通过定义一个变量来实时显示，如图 8.4 所示。

2. 程序编写

① 定义一个变量 num 用于显示，在“功能模块”中找出“液晶显示”，设置参数如图 8.5 所示。

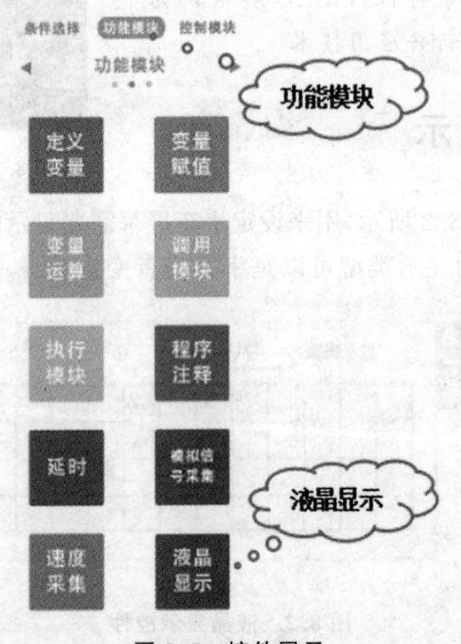

图 8.5 控件展示

② 利用“变量运算”模块，让变量 num 实现递增的过程，如图 8.6 所示。

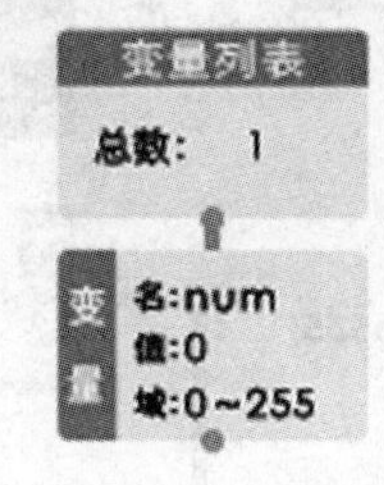

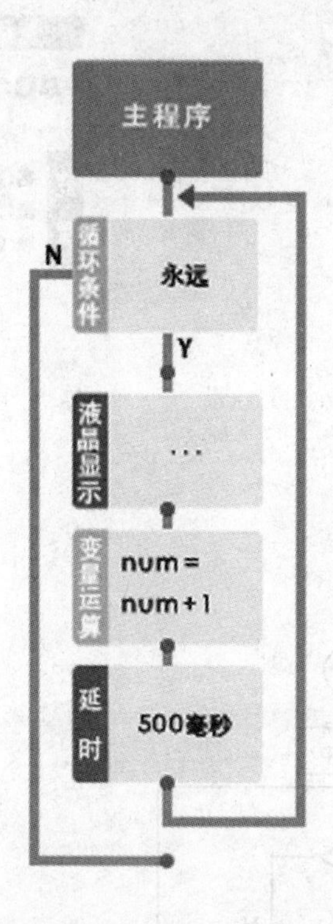

图 8.6　变幻显示屏程序

动手与实践

汽车上都有显示速度的表盘来实时显示汽车当前的速度，利用变量控制小车的速度在 200～700 之间递增变化，每 500 ms 变化 50，并把变化的值显示在显示屏上。

1. 分　析

首先需要定义一个变量 sp，让 sp 隔 500 ms 递增 50；其次将 sp 的值限制在 200～700 之间；最后将 sp 的值赋给“速度控制”模块，并且用“液晶显示”模块显示出来，流程如图 8.7 所示。

2. 程序编写

① 定义变量 sp，设定初值为 200，数值范围为 0～65 535；

② 利用“双重选择”图形控件判断 sp 是否大于 700，如果大于 700，让 sp＝200，否则 sp＝sp＋50，从而限制 sp 在 200～700 的范围内；

③ 利用“速度控制”将 sp 赋值给小车，“液晶显示”显示出当前速度，如图 8.8 所示。

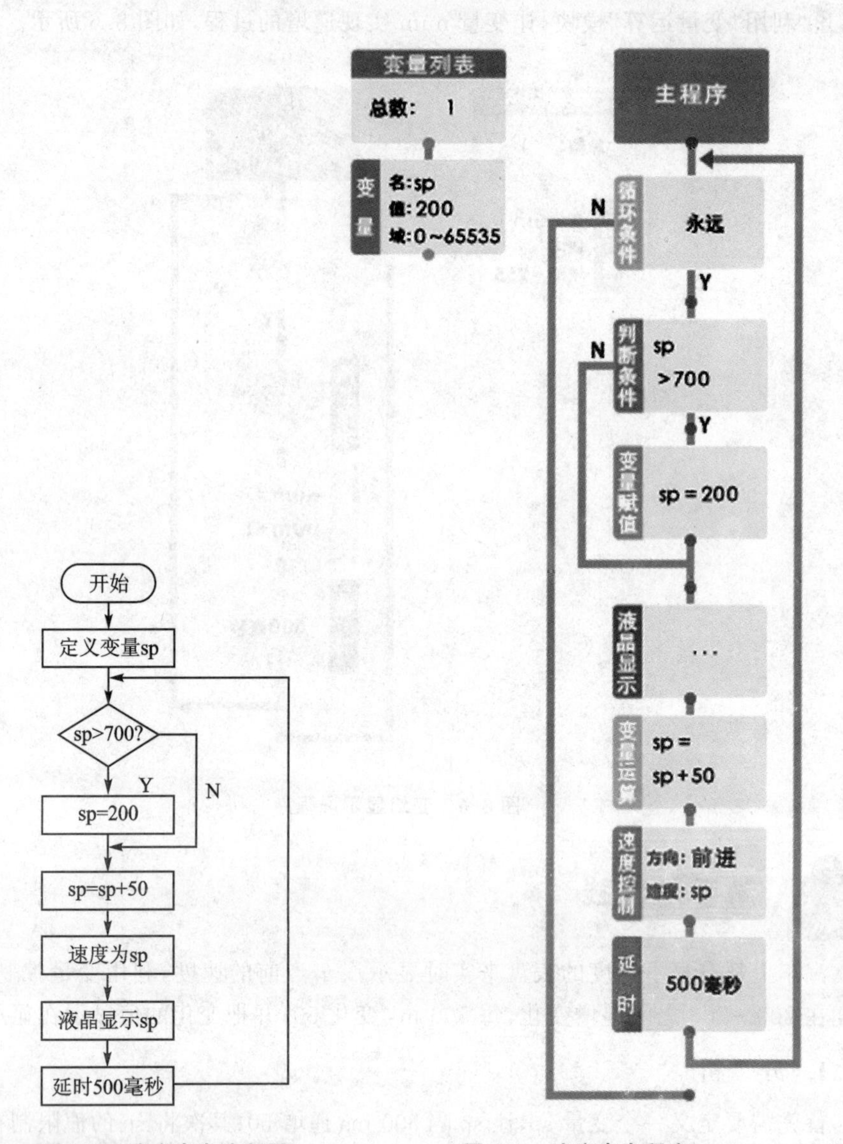

图 8.7　速度表盘流程图　　　图 8.8　速度表盘程序

练习与巩固

用显示屏显示是否接收到红外线，若接收到红外线，则在显示屏上显示 JC；没接收到，则不显示任何信息。

拓展与提高：串口通信

显示屏是一个很好的调试工具，利用它可以很直观地看到小车的各项参数。小车还有另外一种和我们“交谈”的方式，从而让我们很好地知道它内部的运行情况。这就是接下来要学习的内容——串口通信。

1. 串口通信知识

①串口是指数据一位一位地顺序传送，特点是通信线路简单，只要一对传输线就可以实现双向通信(可以直接利用电话线作为传输线)，大大降低了成本；特别适用于远距离通信，但传送速度较慢。

② 串口通信的参数有串口号、波特率：

- 串口号：小车和计算机交换数据的接口；
- 波特率：小车和计算机进行数据交换的速度；
- 数据交换格式：小车和计算机进行数据交换的格式可以为十六进制和字符类型。

2. 串口发送控件

串口发送控件如图 8.9 所示，用串口向外发送数据，设置步骤如下：

图 8.9　串口发送模块控件

① 双击控件图标，可以打开属性设置框；
② 数据类型：字符和数值；
③ 发送数据：可以发送字符或数值。

3. 串口接收控件

串口接收控件如图 8.10 所示，用串口接收数据，设置步骤如下：

图 8.10　串口接收模块控件

① 双击控件图标,可以打开属性设置框;

② 接收数据:选择一个已有变量保存接收到的数据。

4. 串口调试助手

要使用串口与小车通信,就必须设置串口调试助手,步骤如下:

① 在串口号中选择计算机蓝牙所对应的串口,如图 8.11(a)所示,然后单击“打开串口”,打开小车和计算机进行数据交换的接口;

② 选择串口通信的波特率,小车默认的波特率为 115 200,这里选择该波特率即可,如图 8.11(b)所示;

③ 串口发送的格式可以为十六进制和字符,选中“HEX 发送”,则软件以十六进制发送数据,不选则以字符类型发送数据。

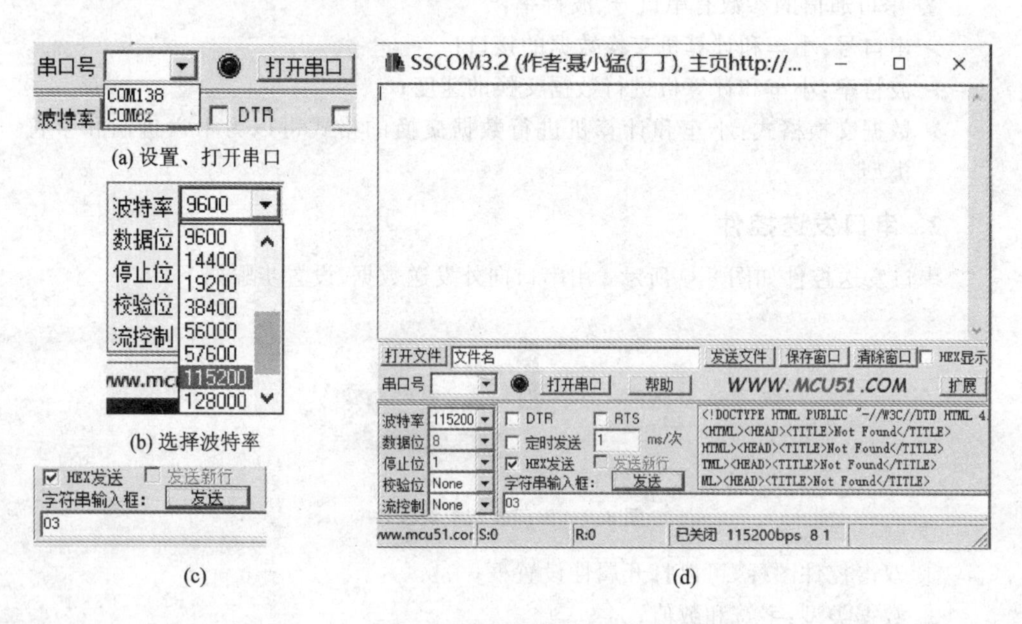

(a) 设置、打开串口

(b) 选择波特率

(c)

(d)

图 8.11 串口调试软件界面

5. 接收发送字符

(1) 程序编写

定义一个变量“js”,“串口接收”模块接收的数值用 js 保存,然后用“串口发送”模块发送接收到的 js 值,如图 8.12 所示。

(2) 程序测试

打开串口软件,将串口号、波特率和串口发送格式设置好。然后打开串口,发送“01”,然后单击“发送”(如图 8.13 所示),则可以看到接收部分的值随着发送值的变化而变化。

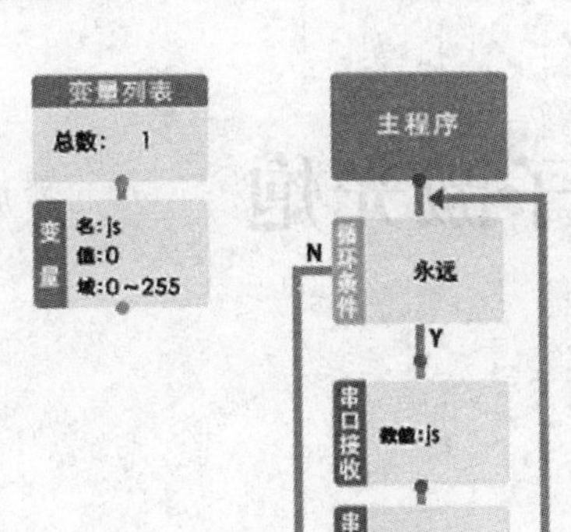

图 8.12　接收发送数据程序

图 8.13　发送数据

第 9 课　电子激光炮

任务导航

激光的传播速度快得就像离弦的箭，甚至比离弦的箭还快，我们人眼来不及看清楚就已经不知道激光穿射多远了，是不是很神奇？那就让我们走进激光的世界吧。

实验器材

蓝宙智能车。

阅读与思考

激光是20世纪以来，继原子能、计算机、半导体之后，人类的又一重大发明，被称为"最快的刀"、"最准的尺"、"最亮的光"和"奇异的激光"。它的亮度约为太阳光的100亿倍。激光的原理早在1916年就被著名的美国物理学家爱因斯坦发现，但直到1960年激光才被首次成功制造。激光是在有理论准备和生产实践迫切需要的背景下应运而生的，它一问世，就获得了异乎寻常的飞快发展。激光的发展不仅使古老的光学科学和光学技术获得了新生，而且产生了很多新兴产业。图9.1是激光的具体应用——激光笔。

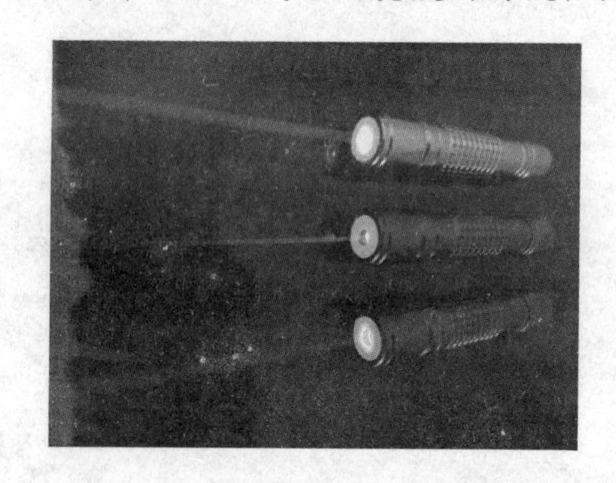

图 9.1　激光笔

9.1　激光传感器

图9.2是蓝宙智能车自带的激光传感器。这个传感器使用的是5 mW的激光发送器。大功率的激光发射出的强度可能比太阳还高，所以使用激光时要特别注意不要对着眼睛。

激光的传输距离可以达到很远而且不容易受到干扰，所以我们通常把它作为传

图 9.2　激光传感器

感器来检测障碍、测试距离。蓝宙智能车标配的激光传感器可探测距离为 1～100 cm 之间，通过调整传感器上的可调电位器来调整这个距离：顺时针调整，增加传感器检测距离；逆时针调整，减少传感器探测距离。

9.2　双重选择

双重选择控件如图 9.3 所示，用来判断是否满足设定条件，满足条件就执行指定程序，不满足条件则执行另外的指定程序。控件设置步骤如下：

① 双击控件图标，则可以打开属性设置框，如图 9.3(a)所示；

② 单击右下角的方点，则可以在变量和数值之间切换；

③ 单击中间的比较条件，则可以在“等于”、“大于”、“小于”、“大于等于”、“小于等于”、“不等于”之间切换；

④ 单击“加号”按钮，则可以添加判断的条件，新添加的其他条件可以与已有的条件之间用“并且”、“或者”两种条件之一进行连接，如图 9.3(b)所示。

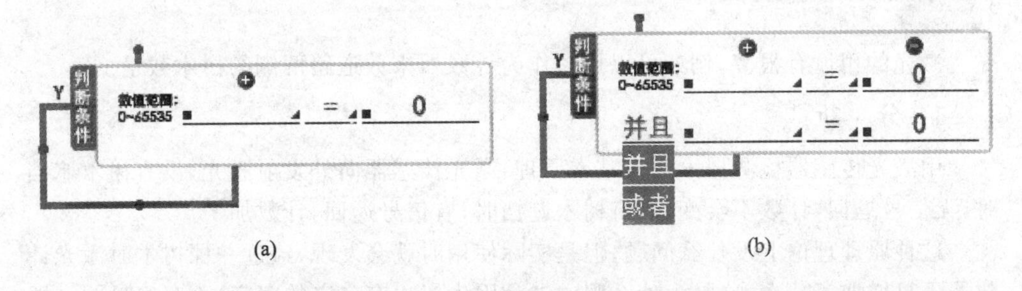

图 9.3　双重选择控件

9.3 激光跟随灯

1. 分 析

车灯如何随激光的接收而点亮呢？激光传感器本身集成激光发射和激光接收两个功能，像这种收发一体的传感器，称为反射式传感器。

车灯作为接收到激光的一个标志，如果智能车接收到激光，则智能车的车灯随之亮起；如果智能车没接收到激光，则车灯处于熄灭的状态（激光模块真值表如图 9.4 所示）。车灯随激光点亮流程如图 9.5 所示。

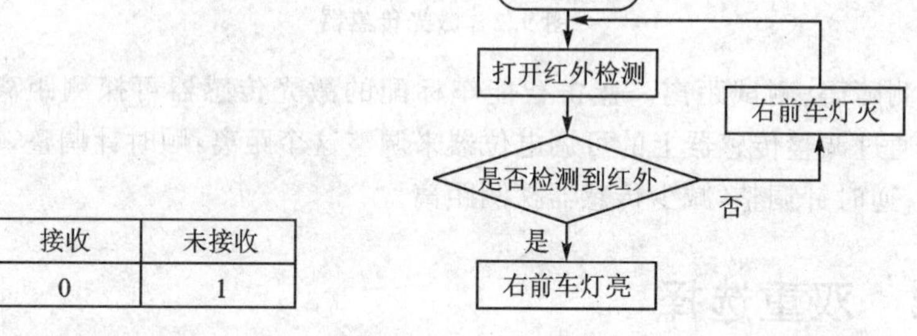

接收	未接收
0	1

图 9.4 激光模块真值表

图 9.5 激光跟随灯流程图

2. 程序编写

将激光检测的变量命名“jg”，如图 9.6 所示；将初始数值设为“1”，表示小车未接收到激光。程序如图 9.7 所示。

注意：前射击检测和左侧激光复用同一端口，后射击检测和右侧激光复用同一端口。

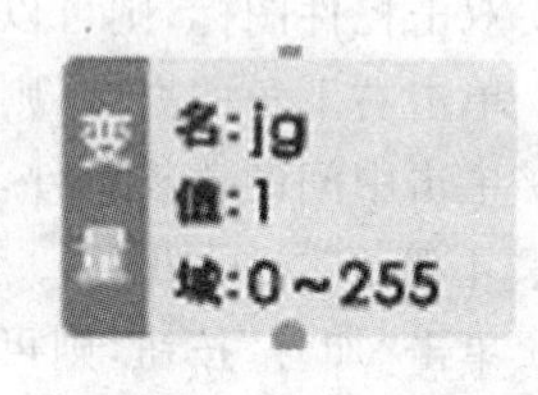

图 9.6 设置红外变量

动手与实践

激光的用途有很多，例如可以用它作为计数器来数道路两侧的树木数量。

1. 分 析

用激光传感器检测树木数量基本原理：激光传感器向外发射激光，没有树木遮挡时，无信号返回，计数不会变化；有树木遮挡时，有信号返回，计数加 1。

这种原理理论上没什么问题，但是实际使用时就会发现，经过一棵树木时激光计数器不只增加了一次，这是为什么呢？这是因为树木有一定的宽度，小车经过同一棵树木时激光信号不只返回一次。为了避免同一棵树木多次返回激光信号而导致出现计数多次的情况，则必须对树木的宽度进行一个计数，只有这个计数达到了树木宽度

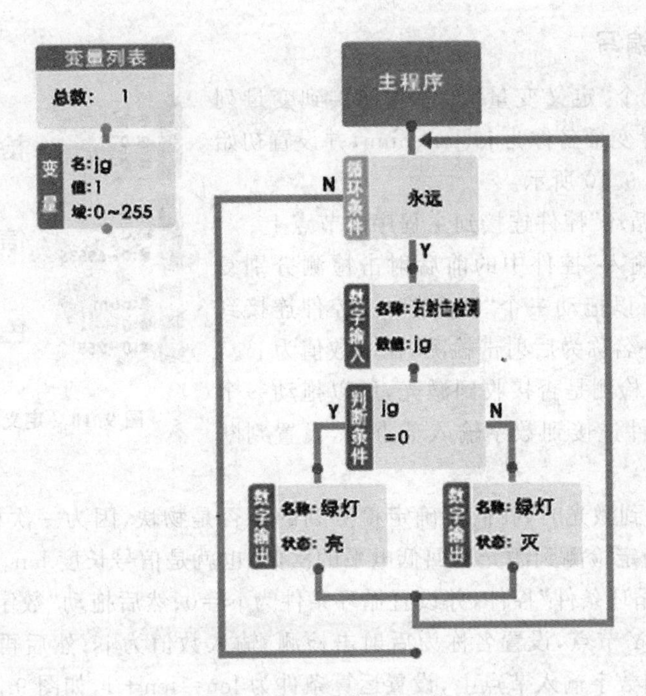

图 9.7　激光跟随灯程序

才认为这次树木计数是正确的。

转换成信号的形式如图 9.8 所示，小车未检测到激光信号时，接收到的数据是 1；检测到激光信号时，接收到的数据是 0。我们对 0 这段时间进行计数，这个计数 len 大于树木宽度时才认为计数加 1。流程如图 9.9 所示。

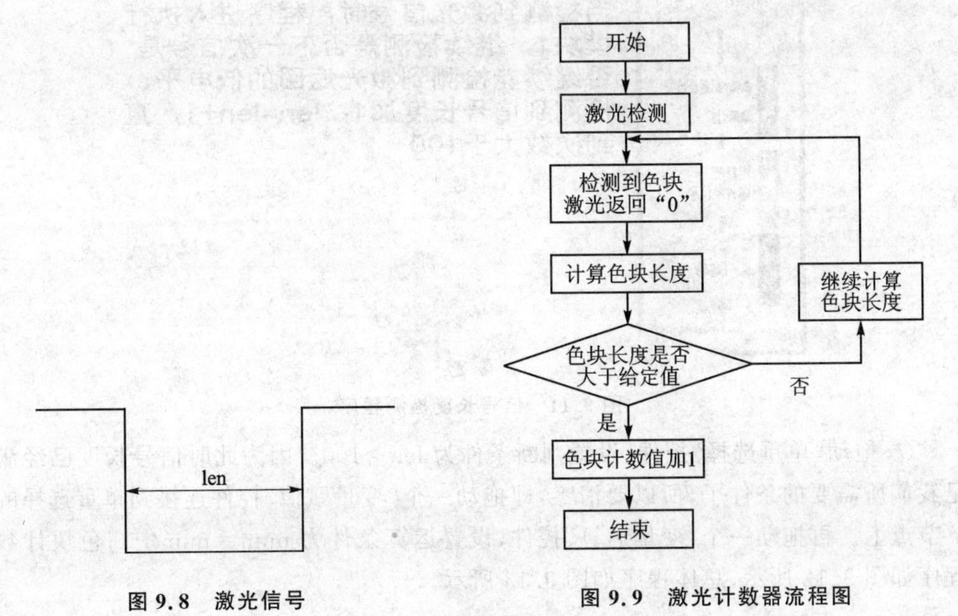

图 9.8　激光信号

图 9.9　激光计数器流程图

2. 程序编写

① 拖动 3 个“定义变量”控件并连接到变量列表上，分别设置变量名称为 js、len、num，并设置初始数值为 0，如图 9.10 所示。

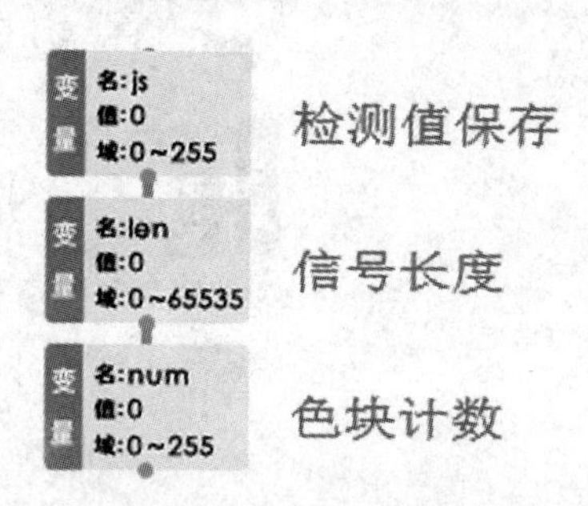

图 9.10 定义变量列表

② 拖动“循环”控件连接到主程序的节点上。

③ “数字输入”控件中的前后射击检测分别复用左右激光，所以拖动一个“数字输入”控件连接到 Y 节点上，设置名称为后射击检测，输入数值为 js。

④ 由于要检测是否接收到激光，所以拖动一个“单重选择”控件连接到数字输入节点上，设置判断条件为 js=0。

⑤ 当检测到激光时，我们要确定检测到的是否是物块，因为一次检测到激光太偶然，所以要确定检测到激光返回低电平的次数，也就是信号长度 len。

⑥ 拖动“循环条件”控件，并设置循环条件为 js=0；然后拖动“数字输入”控件连接到循环条件 Y 节点，设置名称为后射击检测、输入数值为 js；然后再拖动“变量运算”控件连接到数字输入节点上，设置运算条件为 len=len+1，如图 9.11 所示。

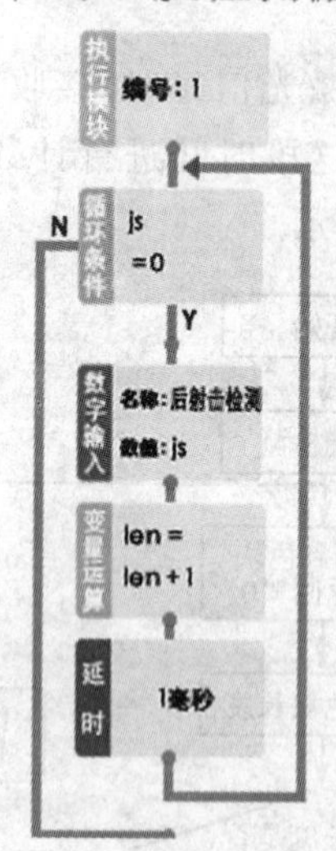

图 9.11 信号长度检测程序

⑦ 拖动“单重选择”控件，设置判断条件为 len>100。因为此时信号长度已经满足我们所需要的条件了，所以要清零，即拖动一个“变量赋值”控件连接到单重选择的 Y 节点上。再拖动一个“变量运算”控件，设置运算条件为 num=num+1；色块计数程序如图 9.12 所示，总体程序如图 9.13 所示。

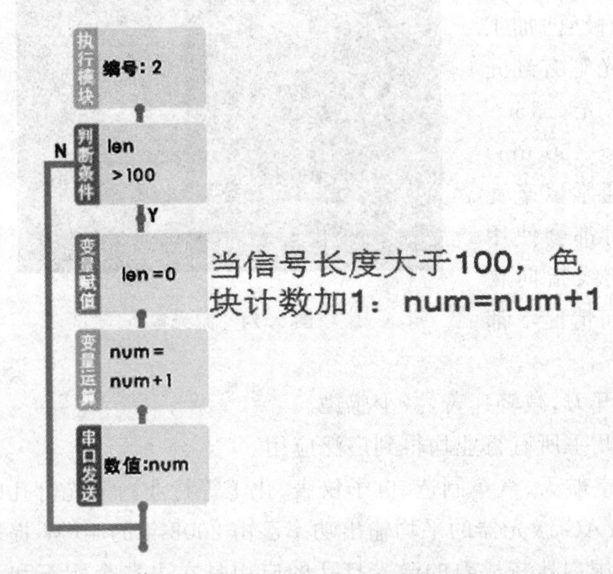

图 9.12 色块计数程序

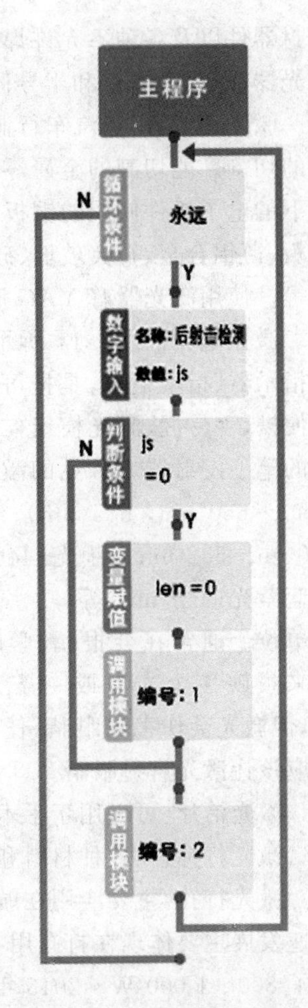

图 9.13 色块计数总体程序

拓展与提高：激光的应用

激光加工技术是利用激光束与物质相互作用的特性对材料(包括金属与非金属)进行切割、焊接、表面处理、打孔、微加工等工艺的一门技术。传统应用最大的领域为激光加工技术。激光技术是涉及光、机、电、材料及检测等多门学科的一门综合技术，传统上看，它的研究范围一般可分为：

① 激光加工系统，包括激光器、导光系统、加工机床、控制系统及检测系统。

② 激光加工工艺，包括切割、焊接、表面处理、打孔、打标、划线、微雕等各种加工工艺。

常见的激光用途有：

激光焊接：用于汽车车身厚薄板、汽车零件、锂电池、心脏起搏器、密封继电器等

密封器件以及各种不允许焊接污染和变形的器件中。2013 年使用的激光器有 YAG 激光器、CO_2 激光器和半导体泵浦激光器。

激光切割：用于汽车行业、计算机、电气机壳、木刀模业、各种金属零件和特殊材料的切割。能切割的金属零件及特殊材料包括圆形锯片、压克力、弹簧垫片、2 mm 以下的电子机件使用的铜板、一些金属网板、钢管、镀锡铁板、镀亚铅钢板、磷青铜、电木板、薄铝合金、石英玻璃、硅橡胶、1 mm 以下氧化铝陶瓷片、航天工业使用的钛合金等。使用激光器有 YAG 激光器和 CO_2 激光器两类。

激光笔：如图 9.14 所示，又称为激光指示器、指星笔等，是把可见激光设计成便携、手易握、激光模组（二极管）加工成的笔型发射器。常见的激光笔有红光（650～660 nm，635 nm）、绿光（515～520 nm，532 nm）、蓝光（445～450 nm）和蓝紫光（405 nm）等，功率通常以毫瓦为单位。通常在会报、教学时都会使用它来投映一个光点或一条光线指向物体，但激光会伤害到眼睛，任何情况下都不应该让激光直射眼睛。

图 9.14　激光笔

激光治疗：可以用于手术开刀，减轻痛苦，减少感染。

激光打标：在各种材料和几乎所有行业均得到广泛应用。

激光打孔：主要应用在航空航天、汽车制造、电子仪表、化工等行业。激光打孔的迅速发展主要体现在打孔用 YAG 激光器的平均输出功率已由 2008 年的 40 W 提高到了 800～1 000 W。2013 年国内比较成熟的激光打孔的应用是在人造金刚石和天然金刚石拉丝模的生产及钟表、仪表的宝石轴承、飞机叶片、多层印刷线路板等行业的生产中。2013 年使用的激光器多以 YAG 激光器、CO_2 激光器为主，也有一些准分激光器、同位素激光器和半导体泵浦激光器。

激光热处理：在汽车工业中应用广泛，如缸套、曲轴、活塞环、换向器、齿轮等零部件的热处理，同时在航空航天、机床行业和其他机械行业也应用广泛。我国的激光热处理应用远比国外广泛得多。2013 年使用的激光器多以 YAG 激光器、CO_2 激光器为主。

激光快速成型：将激光加工技术和计算机数控技术、柔性制造技术相结合而成，多用于模具和模型行业。

激光涂敷：在航空航天、模具及机电行业应用广泛。

激光成像：利用激光束扫描物体，将反射光束反射回来，得到的排布顺序不同而成像。用图像落差来反映所成的像。激光成像具有超视距的探测能力，可用于卫星激光扫描成像，未来可用于遥感测绘等科技领域。

第10课 识别黑白线

任务导航

读者有没有这样的经历：在夏天很大太阳的时候，恰巧你又穿了件黑色衣服，此时是不是感觉比穿一件全白的衣服要热很多呢？这是因为黑色吸收所有颜色的光，而白色不吸收任何光，从而导致了黑色的衣服使我们有大汗淋漓的感觉。那智能车又是怎样辨别黑白线的呢？

实验器材

蓝宙智能车。

阅读与思考

红外传感器是能将红外辐射能转换成电能的光敏器件。红外传感器，如图10.1所示，通过电路设计接收到红外光强时电路导通，单片机上采集到的值小。当红外光线弱时电路不导通，单片机采集到的值大。利用传感器这个原理，黑色把红外发射管的光线吸收，所以红外接收管(如图10.2所示)接收到的红外线弱，传感器电路不导通，黑色返回值大；而对于白色的部分，红外接收管接收到的红外线强，传感器电路导通，白色返回值小。基于这个原理，智能车就能将黑白线辨别出来。

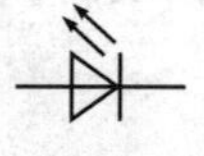

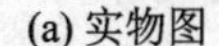

(a) 实物图　　(b) 电路符号

图10.1　红外发射传感器

小车前端有8个循迹传感器，如图10.3所示，分别对应模拟信号采集的通道1～8，如表10.1所列。黑白线识别原理：

① 对于黑线和白线，传感器采集的信号值不同，在黑线上采集的信号值远大于在白线上；

② 设定一个黑白线分界值，区分出黑白线。

(a) 实物图

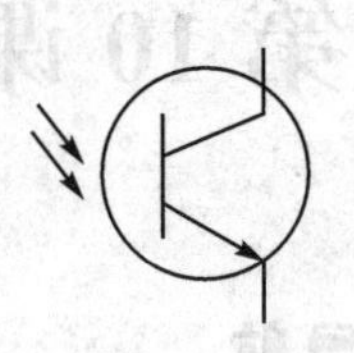

(b) 电路符号

图 10.2　红外接收传感器

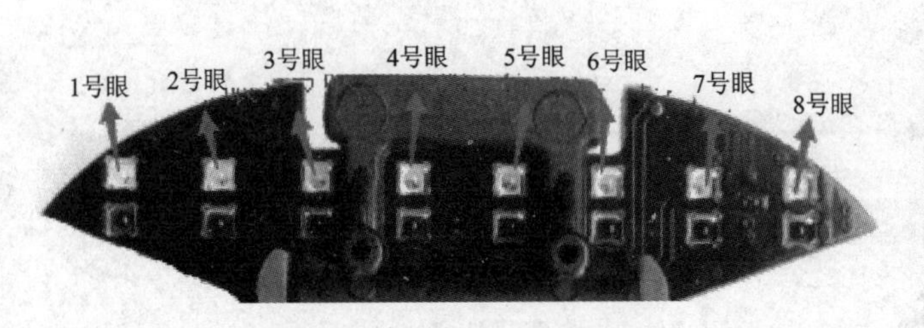

图 10.3　智能车传感器图示

表 10.1　模拟通道信号表

通　道	循　迹
通道 1	循迹 1
通道 2	循迹 2
通道 3	循迹 3
通道 4	循迹 4
通道 5	循迹 5
通道 6	循迹 6
通道 7	循迹 7
通道 8	循迹 8

10.1　黑白线分界值采集

前面已经提到了，要设定一个黑白线分界值，那如何确定这个值呢？这就需要编写一个采集程序进行采集，然后根据采集结果来设定一个合适的值。因为接下来要以循迹 1 为例介绍黑白线的识别方法，所以我们对循迹 1 红外传感器进行数据采集。

1. 流程图

循迹 1 数据采集流程如图 10.4 所示。

2. 程序编写

① 拖动“定义变量”控件连接到变量列表节点上，设置变量名称为 js，初始数值为 0；

② 拖动“循环”控件连接到主程序的节点上；

③ 拖动“模拟采集”控件连接到循环节点 Y 上，设置名称为循迹 1，返回数值为 js；

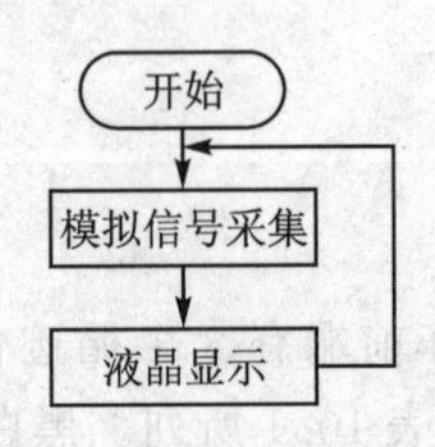

图 10.4　循迹 1 数据采集流程图

④ 拖动“液晶显示”控件连接到模拟采集节点

上，设置液晶显示的显示类型为变量，变量名为 js，变量格式为 4 个字节，如图 10.5 所示。

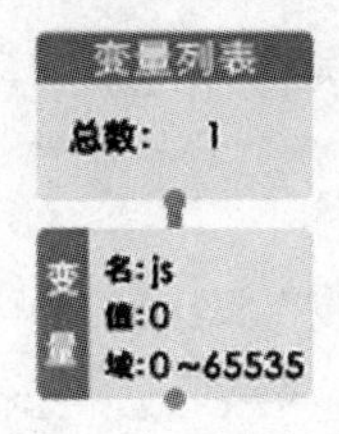

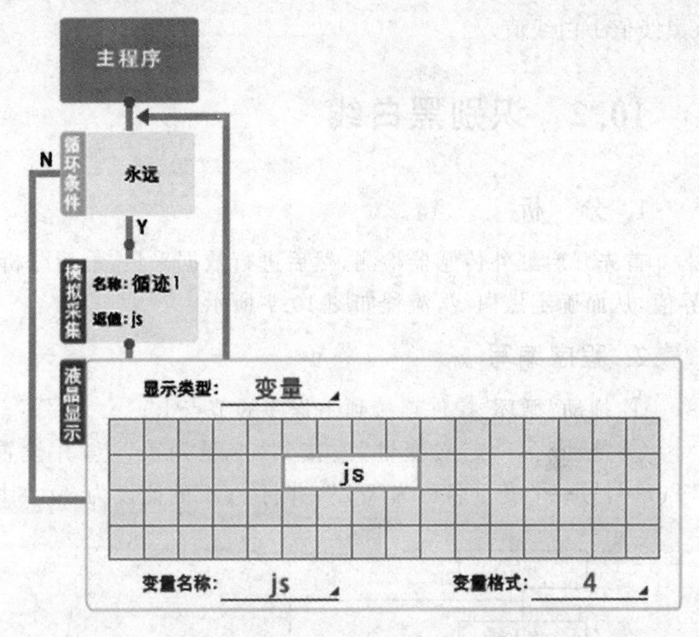

图 10.5 循迹 1 数据采集程序图

将程序刷入小车后，实际采集到的数据图片如图 10.6 所示。从图 10.6 中可以

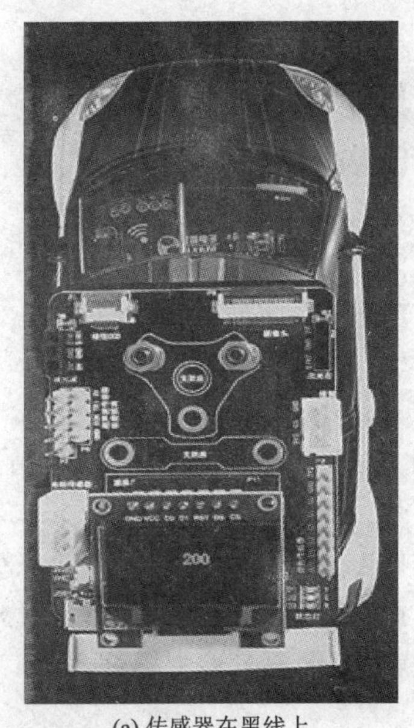

(a) 传感器在黑线上

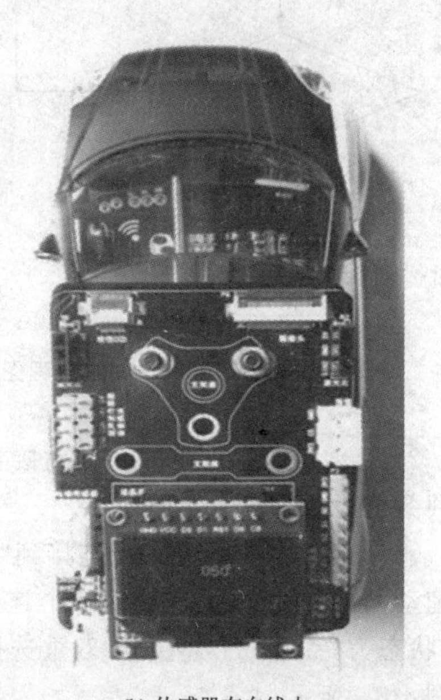

(b) 传感器在白线上

图 10.6 OLED 显示模拟采集实际值

看出，在白线采集的值为 50，在黑线采集的值是 200，于是我们设定的黑白线分界值只要在这两个值之间就可以了，即 50＜分界值＜200，一般的设置方法是分界值＝(黑线值＋白线值)/2。

10.2 识别黑白线

1. 分　析

首先开启红外传感器检测，然后进行数据采集，最后分析是否大于黑白检测的分界值，从而确定黑白线，流程如图 10.7 所示。

2. 程序编写

① 拖动“循环”控件连接到主程序的节点上；

② 拖动两个“定义变量”连接到“变量列表”上，并设置其中一个变量名称为“Tur1”，另一个变量名称为“YZ”，并将“YZ”的值设为 80，如图 10.8 所示；

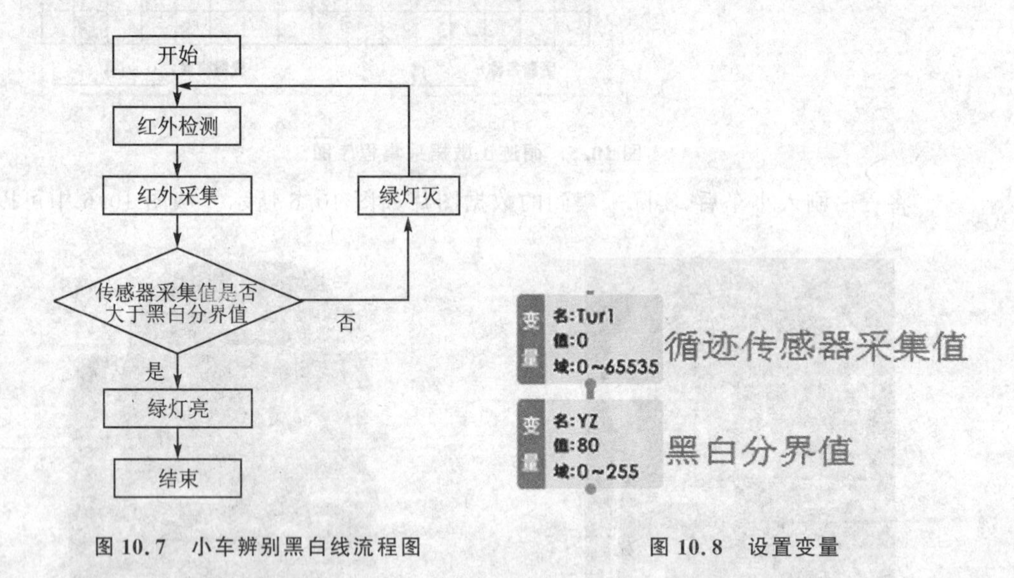

图 10.7　小车辨别黑白线流程图

图 10.8　设置变量

③ 拖动“模拟采集”的控件连接到“循环”控件的 Y 节点上，设置名称为循迹 1，返回数值为“Tur1”；

④ 拖动“双重选择”控件连接到“模拟采集”控件上，判断条件为“Tur1＞YZ”，并且拖动两个“数字输出”控件，一个连接到“双重选择”控件 Y 节点上，设置名称为绿灯，状态为亮；另一个连接到“双重选择”控件 Y 节点上，设置名称为绿灯，状态为灭，如图 10.9 所示。

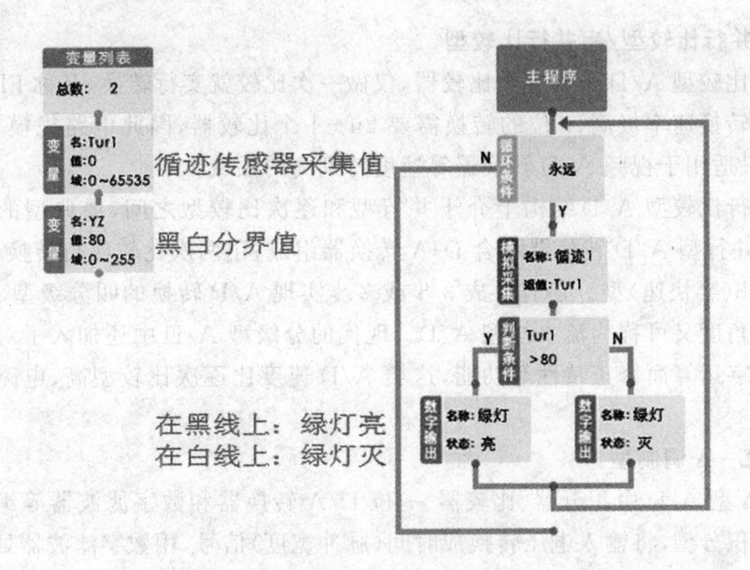

图 10.9 识别黑白线程序图

练习与巩固

1. 小车循迹传感器 1 在白线上左转,黑线上右转。
2. 小车循迹传感器 1 在白线上前进,黑线上后退。

拓展与提高:A/D 转换

小车无法直接识别电压值,那小车是怎么把黑白线上返回的不同值给采集回来的呢？答案就是 A/D 转换。A/D 转换就是模数转换,也可以是整流。顾名思义,就是把模拟信号转换成数字信号。

下面简要介绍几种常用类型的 A/D 的基本原理及特点,即积分型、逐次逼近型、并行比较型/串并行型、Σ-Δ 调制型、电容阵列逐次比较型及压频变换型。

(1) 积分型

积分型 A/D 工作原理是将输入电压转换成时间(脉冲宽度信号)或频率(脉冲频率),然后由定时器/计数器获得数字值。其优点是用简单电路就能获得高分辨率,但缺点是由于转换精度依赖于积分时间,因此转换速率极低。初期的单片 A/D 转换器大多采用积分型,现在逐次比较型已逐步成为主流。

(2) 逐次比较型

逐次比较型 A/D 由一个比较器和 D/A 转换器通过逐次比较逻辑构成,从 MSB 开始,顺序地对每一位输入电压与内置 D/A 转换器输出进行比较,经 n 次比较而输出数字值。其电路规模属于中等。其优点是速度较高、功耗低,在低分辨率(<12 位)时价格便宜,但高精度(>12 位)时价格很高。

(3) 并行比较型/串并行比较型

并行比较型 A/D 采用多个比较器，仅做一次比较就实行转换，又称 Flash(快速)型。由于转换速率极高，n 位的转换需要 2n－1 个比较器，因此电路规模也极大，价格也高，只适用于视频 A/D 转换器等速度特别高的领域。

串并行比较型 A/D 结构上介于并行型和逐次比较型之间，最典型的是由 2 个 n/2 位的并行型 A/D 转换器配合 D/A 转换器组成；用两次比较实行转换，所以称为 Half Flash(半快速)型。还有分成 3 步或多步实现 A/D 转换的叫分级型 A/D，而从转换时序角度又可称为流水线型 A/D。现代的分级型 A/D 中还加入了对多次转换结果做数字运算而修正特性等功能，这类 A/D 速度比逐次比较型高，电路规模比并行型小。

(4) Σ－Δ 调制型

Σ－Δ 型 A/D 由积分器、比较器、一位 D/A 转换器和数字滤波器等组成。原理上近似于积分型，将输入电压转换成时间(脉冲宽度)信号，用数字滤波器处理后得到数字值。电路的数字部分基本上容易单片化，因此容易做到高分辨率，主要用于音频和测量。

(5) 电容阵列逐次比较型

电容阵列逐次比较型 A/D 在内置 D/A 转换器中采用电容矩阵方式，也可称为电荷再分配型。一般的电阻阵列 D/A 转换器中多数电阻的值必须一致，在单芯片上生成高精度的电阻并不容易。如果用电容阵列取代电阻阵列，则可以用低廉成本制成高精度单片 A/D 转换器。最近的逐次比较型 A/D 转换器大多为电容阵列式的。

(6) 压频变换型(如 AD650)

压频变换型是通过间接转换方式实现模数转换的，其原理是首先将输入的模拟信号转换成频率，然后用计数器将频率转换成数字量。从理论上讲这种 A/D 的分辨率几乎可以无限增加，只要采样的时间能够满足输出频率分辨率要求的累积脉冲个数的宽度。其优点是分辨率高、功耗低、价格低，但是需要外部计数电路共同完成 A/D 转换。

高级篇

第 11 课　智能循迹车

任务导航

通过本节课的学习，希望读者掌握智能车沿轨迹行走的原理，并在此基础上拓展思路，发散思维。

实验器材

蓝宙智能车、循迹赛道。

阅读与思考

图 11.1 是本节课需要完成的循迹赛道，该赛道的黑线宽度为 9 cm，圆弧直径为 60 cm。我们的任务是让智能车沿着 9 cm 宽黑线行走。

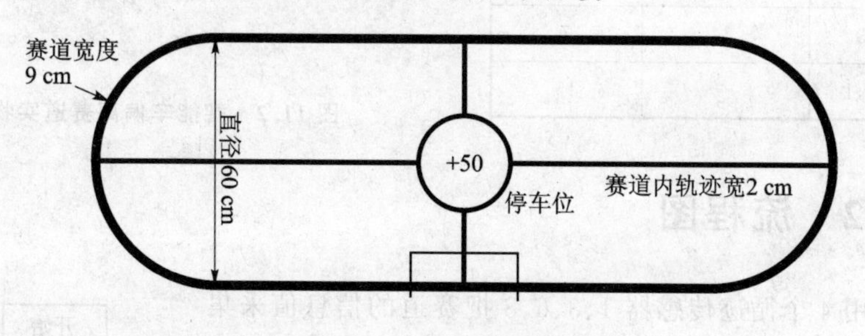

图 11.1　智能循迹赛赛道

11.1　循迹算法

我们用一个红外传感器将黑白线识别出来了，而本节课的循迹要用到 1、3、6、8 号传感器进行路径识别，从而完成如图 11.1 所示赛道的循迹。可以结合表 11.1 来分析，假设小车顺时针行驶：

① 当所有红外传感器都不在黑线上时，此时小车在白线区域内，因为小车是沿着黑白线交界处行驶的，所以要让小车重新回到黑白线交界处，就要向左转最大角度，即－15。

② 当有一个红外传感器在黑线上（如图 11.2 所示）时，此时小车在黑线区域边

缘，因为小车是沿着黑白线交界处行驶的，所以要让小车重新回到黑白线交界处，我们就要向左转一个小的角度，即－7。

③ 当有两个红外传感器在黑线上时，此时小车在黑线和白线中间，也就是黑白界限上，因为小车是沿着黑白线交界处行驶的，所以就不用给任何转向角，即转向角度为0。

④ 当有3个红外传感器都在黑线上时，此时小车在黑线区域内，因为小车是沿着黑白线交界处行驶的，所以要让小车重新回到黑白线交界处，就要向右转最一个小的角度，即7。

⑤ 当所有红外传感器都在黑线上时，此时小车在黑线区域内，因为小车是沿着黑白线交界处行驶的，所以要让小车重新回到黑白线交界处，就要向右转最大角度，即15。

表 11.1　判别传感器个数及给定转向值

在黑线上	不在黑线上	转向值
—	8,6,3,1	－15
8	6,3,1	－7
8,6	3,1	0
8,6,3	1	7
8,6,3,1	—	15

图 11.2　智能车偏离赛道实物图

11.2　流程图

我们用4个循迹传感器1、3、6、8把赛道的信息值采集回来，根据采集的值确定小车在赛道上的位置(即路径识别)，从而确定小车的转向值，流程如图11.3所示。

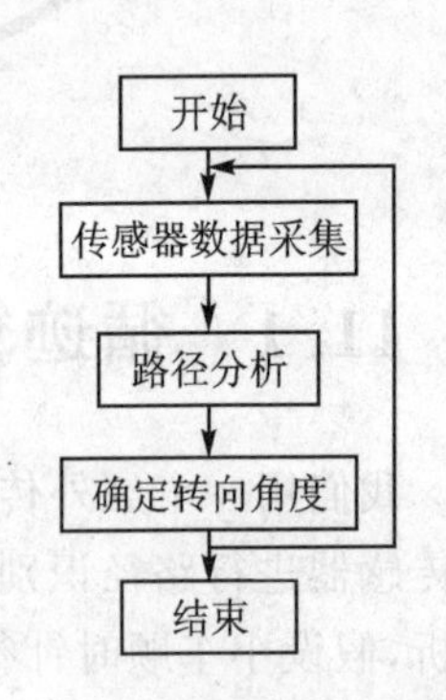

图 11.3　循迹流程图

11.3　程序编写

将1、3、6、8这4个传感器设置为4个变量，分别为Tur1、Tur2、Tur3、Tur4，那如何知道4个传感器是在黑线上还是在白线上呢？这就需要把4个传感器的值与黑白分界线值进行比较来判断，因此我们设置黑白分界线的值为变量“YZ”，并且设置初始值为100(只要在黑白线采集值的中间值就可以，读者可以根据需要自己设置)。要完成以上功能就要先对数据进行采集，也就是采集循迹1、循迹3、循迹6、循迹8，如图11.4所示。

① 我们来分析一下当4个红外传感器都不在黑线上,即表11.1的第一种情况。前面已经介绍了,智能车在白线上的传感器的值比在黑线上的值小得多,因此,智能车在白线上的值要比黑白分界值小,4个传感器都不在黑线上,也就是4个传感器都在白线上,于是可以得出判断条件Tur1＜YZ、Tur2＜YZ、Tur3＜YZ、Tur4＜YZ,并且这4个条件同时成立。既然4个传感器都不在黑线上,小车是沿着黑白分界线行驶的,也就是此时智能车偏离了跑道,我们要对小车进行纠正,参考表11.1可知,要给智能车一个最大的转角－15。程序如图11.5所示。

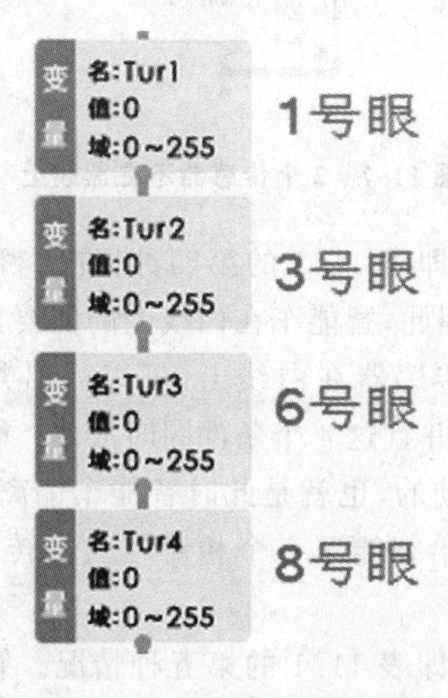

图11.4　传感器采集程序

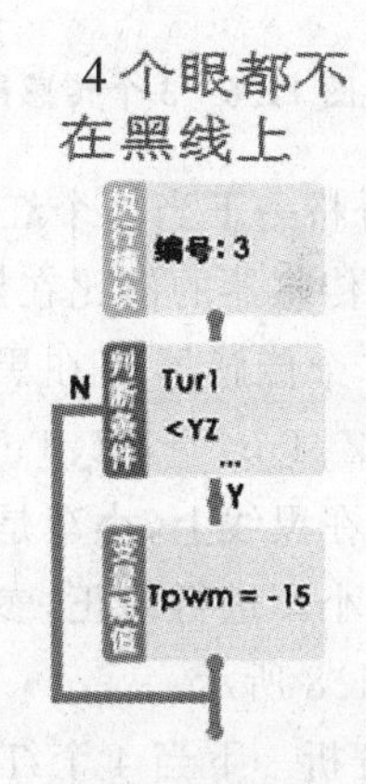

图11.5　4个传感器都不在黑线上

② 分析一下当一个红外传感器在黑线上,即表11.1的第二种情况。智能车在白线上的传感器的值比在黑线上的值小得多,因此,智能车在白线上的值要比黑白分界值小,一个传感器都在黑线上,也就是3个传感器在白线上,可以得出判断条件Tur1＜YZ、Tur2＜YZ、Tur3＜YZ、Tur4＞YZ,并且这4个条件同时成立。既然一个传感器在黑线上,小车是沿着黑白分界线行驶的,也就是此时智能车偏离了跑道,我们要对小车进行纠正,参考表11.1可知,要给智能车一个相对较大的转角－7。程序如图11.6所示。

③ 分析一下当两个红外传感器不在黑线上,即表11.1的第三种情况。智能车在白线上的传感器的值比在黑线上的值小得多,因此,智能车在白线上的值要比黑白分界值小,此时两个传感器在白线上,两个传感器在黑线上,可以得出判断条件Tur1＜YZ、Tur2＜YZ、Tur3＞YZ、Tur4＞YZ,并且这4个条件同时成立。既然2个传感器都在黑线上,小车是沿着黑白分界线行驶的,也就是此时智能车并没有偏离跑道,不需要对小车进行纠正,所以不用给智能车任何角度值。程序如图11.7所示。

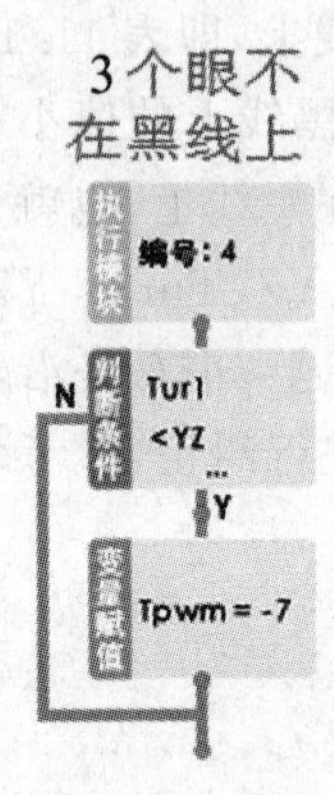

图 11.6 3 个传感器不在黑线上

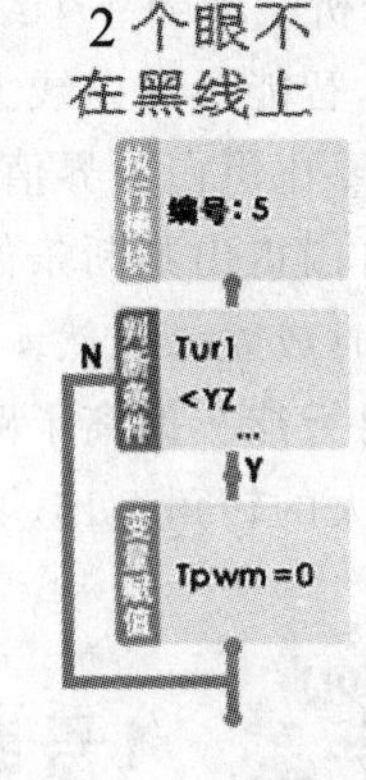

图 11.7 2 个传感器不在黑线上

④ 分析一下当 3 个红外传感器在黑线上，即表 11.1 的第四种情况。智能车在白线上的传感器的值比在黑线上的值小得多，因此，智能车在白线上的值要比黑白分界值小，3 个传感器都在黑线上，也就是一个传感器在白线上，可以得出判断条件 Tur1＜YZ、Tur2＞YZ、Tur3＞YZ、Tur4＞YZ，并且这 4 个条件同时成立。既然 3 个传感器都在黑线上，小车是沿着黑白分界线行驶的，也就是此时智能车偏离了跑道，我们要对小车进行纠正，参考表 11.1 可知，要给智能车一个相对较大的转角 7。程序如图 11.8 所示。

⑤ 分析一下当 4 个红外传感器在黑线上，即表 11.1 的第五种情况。智能车在白线上的传感器的值比在黑线上的值小得多，因此，智能车在白线上的值要比黑白分界值小，4 个传感器都在黑线上，也就是此时智能车在黑线区域，可以得出判断条件 Tur1＜YZ、Tur2＞YZ、Tur3＞YZ、Tur4＞YZ，并且这 4 个条件同时成立。既然 3 个传感器都在黑线上，小车是沿着黑白分界线行驶的，也就是此时智能车偏离了跑道，我们要对小车进行纠正，参考表 11.1 可知，要给智能车一个相对较大的转角 15。程序如图 11.9 所示。

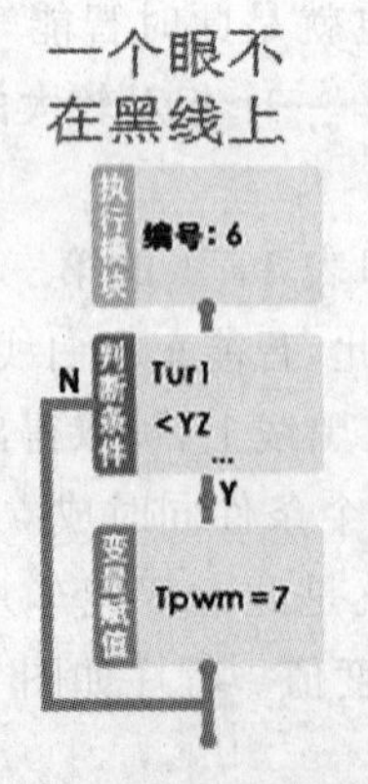

图 11.8 一个传感器不在黑线上

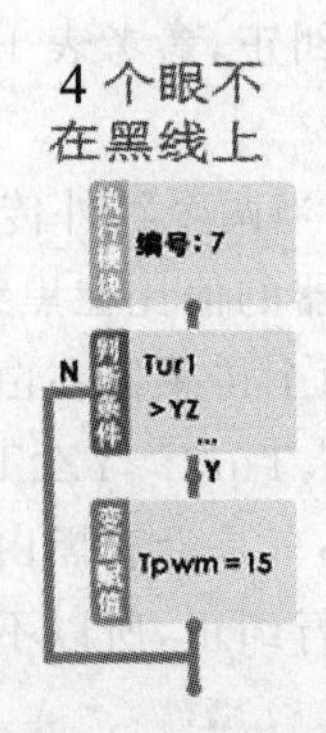

图 11.9 4 个传感器在黑线上

⑥ 经过以上的编程，我们已经可以识别路径了，但是没有给速度，所以小车还不能跑，接下来就要给小车一个速度。首先设置一个速度变量 Pwm，并设定初始值为 200，如图 11.10 所示。

本节用到了很多执行模块，也就是子程序模块，这里再介绍一下执行模块，最后给出循迹算法整体程序。

图形化编程主要分为变量列表，主程序，执行模块。

➢ 变量列表：主要用于定义在图形化编程中能够用到的变量。
➢ 主程序：图形化编程代码执行。
➢ 执行模块：用于调用的子函数。

图 11.10　速度控制程序

主函数通过调用不同的子函数满足其实现的功能。各个执行模块分别为一个小任务，每个执行模块完成不同的功能，可以分别完成计算功能、数据采集、功能模块的执行等相关功能。主函数只能有一个，执行模块可以有很多个，编程者可以根据自己的需要编写不同的子函数，如图 11.11 所示。

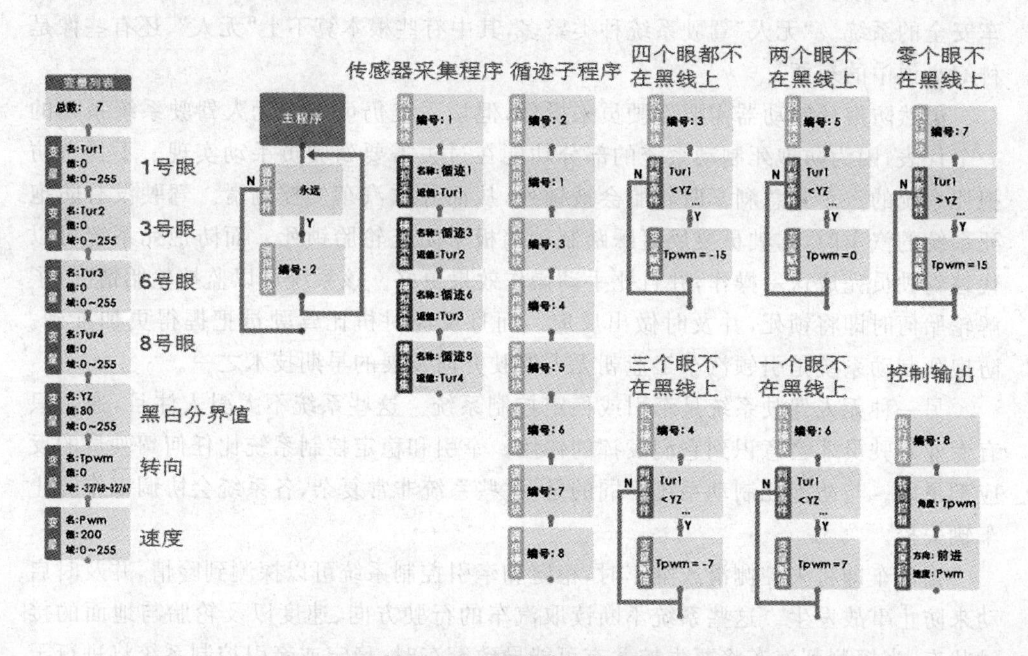

图 11.11　循迹算法程序图

练习与巩固

1. 用计算公式简化 4 路循迹程序。
2. 学会了 4 路循迹程序,在这个基础上编写 6 路循迹程序。

拓展与提高:无人驾驶汽车

无人驾驶汽车是一种智能汽车,也可以称之为轮式移动机器人,主要依靠车内的以计算机系统为主的智能驾驶仪来实现无人驾驶。

无人驾驶汽车是通过车载传感系统感知道路环境,自动规划行车路线并控制车辆到达预定目标的智能汽车。它是利用车载传感器来感知车辆周围环境,并根据感知所获得的道路、车辆位置和障碍物信息控制车辆的转向和速度,从而使车辆能够安全、可靠地在道路上行驶。无人驾驶汽车集自动控制、体系结构、人工智能、视觉计算等众多技术于一体,是计算机科学、模式识别和智能控制技术高度发展的产物,也是衡量一个国家科研实力和工业水平的一个重要标志,在国防和国民经济领域具有广阔的应用前景。

安全是拉动无人驾驶汽车需求增长的主要因素。每年,驾驶员的疏忽大意都会导致许多事故。既然驾驶员失误百出,汽车制造商们当然要集中精力设计能确保汽车安全的系统。“无人”驾驶系统种类繁多,其中有些根本算不上“无人”,还有些像是科幻小说中的东西。

虽然防抱死制动器需要驾驶员来操作,但该系统仍可作为无人驾驶系统系列的一个代表,因为防抱死制动系统的部分功能在过去需要驾驶员手动实现。不具备防抱死系统的汽车紧急刹车时轮胎会被锁死,从而导致汽车失控侧滑。驾驶没有防抱死系统的汽车时,驾驶员要反复踩踏制动踏板来防止轮胎锁死。而防抱死系统可以代替驾驶员完成这一操作,并且比手动操作效果更好。该系统可以监控轮胎情况,了解轮胎何时即将锁死,并及时做出反应。而且反应时机比驾驶员把握得更加准确。防抱死制动系统是引领汽车工业朝无人驾驶方向发展的早期技术之一。

另一种无人驾驶系统是牵引或稳定控制系统。这些系统不太引人注目,通常只有专业驾驶员才会意识到它们发挥的作用。牵引和稳定控制系统比任何驾驶员的反应都灵敏。与防抱死制动系统不同的是,这些系统非常复杂,各系统会协调工作防止车辆失控。

当汽车即将失控侧滑或翻车时,稳定和牵引控制系统可以探测到险情,并及时启动来防止事故发生。这些系统不断读取汽车的行驶方向、速度以及轮胎与地面的接触状态,当探测到汽车将要失控并有可能导致翻车时,稳定或牵引控制系统将进行干预。这些系统与驾驶员不同,它们可以对各轮胎单独实施制动,增大或减少动力输出,并同时对 4 个轮胎进行操作,这样做通常效果更好。当这些系统正常运行时,可以做出准确反应。相对来说，驾驶员经常会在紧急情况下操作失当，调整过度。

车辆损坏的原因多半不是重大交通事故，而是在泊车时发生的小磕小碰。泊车可能是危险性最低的驾驶操作了，但仍然会把事情搞得一团糟。虽然有些汽车制造商给车辆加装了后视摄像头和可以测定周围物体距离远近的传感器，甚至还有可以显示汽车四周情况的车载电脑，但有的人仍然会一路磕磕碰碰地进入停车位。

雷克萨斯 LS 460L 采用了高级泊车导航系统，其驾驶员就不会再有类似的烦恼。该系统通过车身周围的传感器来将车辆导向停车位（也就是说驾驶者完全不需要手动操作）。当然，该系统还无法做到像《星际迷航》里那样先进。在导航开始前，驾驶者需要找到停车地点，把汽车开到该地点旁边，并使用车载导航显示屏告诉汽车该往哪儿走。停车位需要比车身长 2 米（LS 的车身较长）。自动泊车系统是无人驾驶技术的一大成就。通过该系统，车辆可以像驾驶员那样观察周围环境，及时做出反应，并安全地从 A 点行驶到 B 点。虽然这项技术还不能让人完全放手，让汽车自动载您回家，但毕竟是朝着这个方向迈出了第一步。

第12课　智能循迹车 2

任务导航

上一节课讲解了智能车循迹程序的编写，但是从图纸上可以看出，赛道的宽度要远远大于赛车传感器的宽度，如果把黑线的宽度改为 1 cm，那程序又该如何编写呢？

实验器材

蓝宙智能车、小车赛道。

阅读与思考

9 cm 宽的黑线时我们采集了提取黑白沿的循迹算法，针对 1 cm 宽的黑线，该算法就不再适用。本节课将提出另外一种算法来完成对 1 cm 宽线进行循迹。

12.1　循迹算法

本节课采用小车的 8 个传感器进行循迹，赛道是 1 cm 宽的窄线，每次差不多可以容纳一个传感器位于其上。循迹的基本思路是寻找哪一个传感器位于黑线，然后结合表 12.1 给出对应的转向值。

表 12.1　黑线位置与转向值对应关系

传感器编号	转向值	传感器编号	转向值
1	15	5	0
2	10	6	−5
3	5	7	−10
4	0	8	−15

那么表 12.1 是怎么得出来的呢？这里分步讲解一下：

① 传感器 1 号眼位于黑线上时(如图 12.1 所示，白色代表传感器，黑色代表黑线)，车身整体在黑线的左边，要是车身整体回到黑线上，需要向右转向，并且此时车身整体偏离黑线较远，所以给定一个较大的转向值 15。

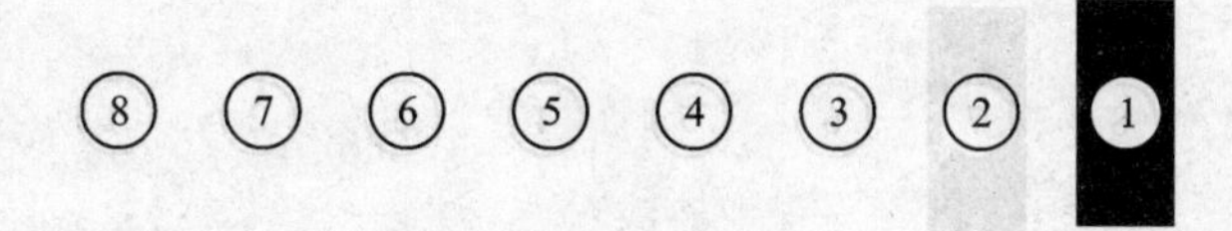

图 12.1 1号眼在黑线上

② 依此类推，当传感器 2 号眼位于传感器上时，车身也偏离在黑线的左侧，给一个略小的右转向(角度为 10)来使车身回到黑线上，如图 12.2 所示。

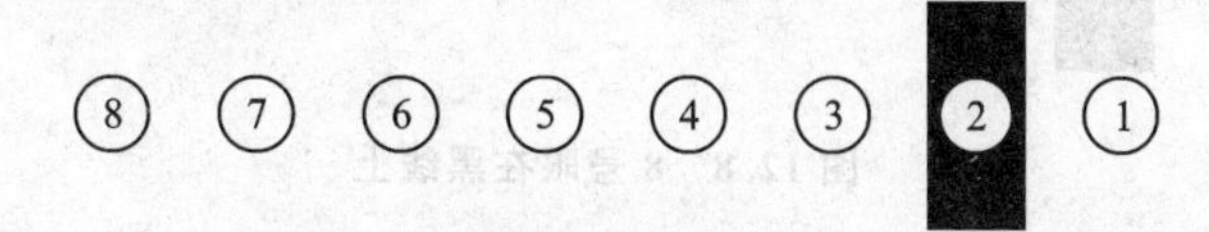

图 12.2 2号眼在黑线上

③ 根据以上规律，依次得到 5(图 12.3)、0(图 12.4)、0(图 12.5)、－5(图 12.6)、－10(图 12.7)、－15(图 12.8)这 6 种情况。

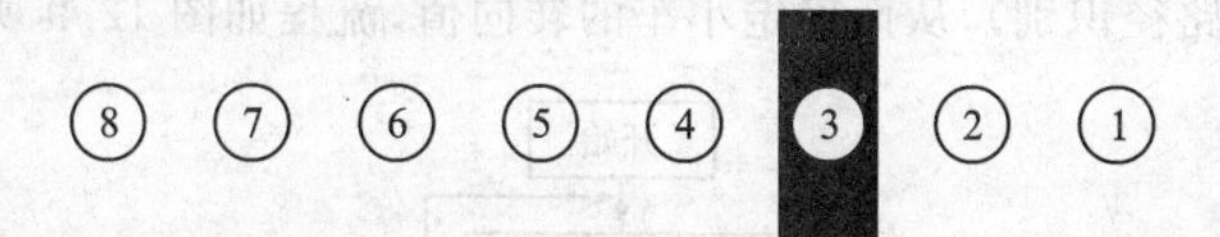

图 12.3 3号眼在黑线上

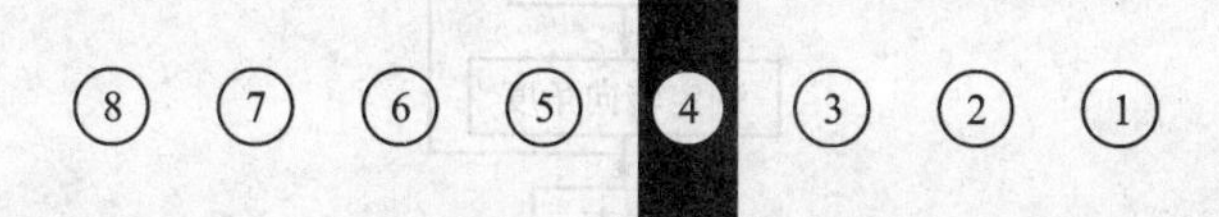

图 12.4 4号眼在黑线上

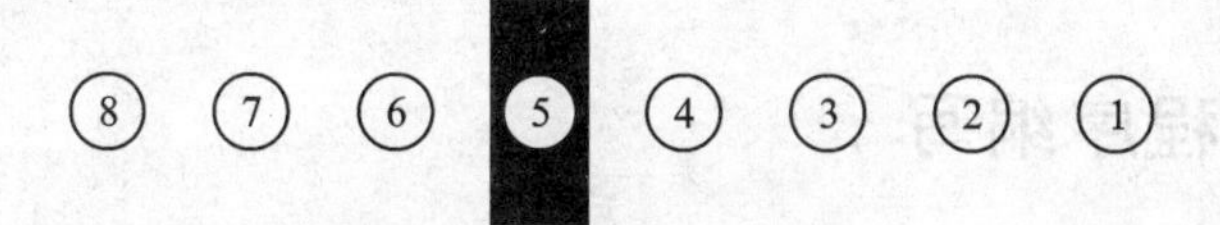

图 12.5 5号眼在黑线上

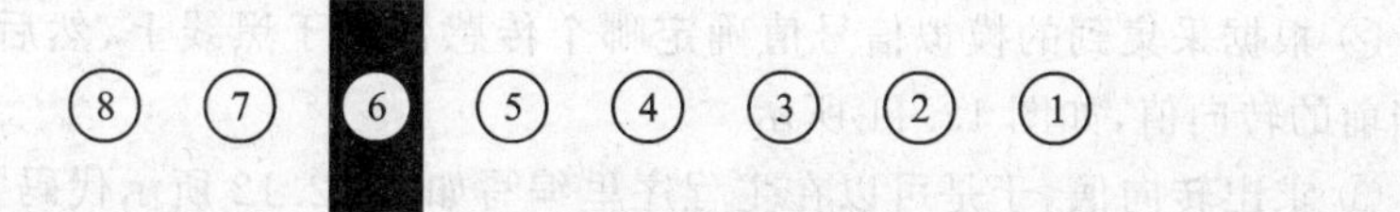

图 12.6 6号眼在黑线上

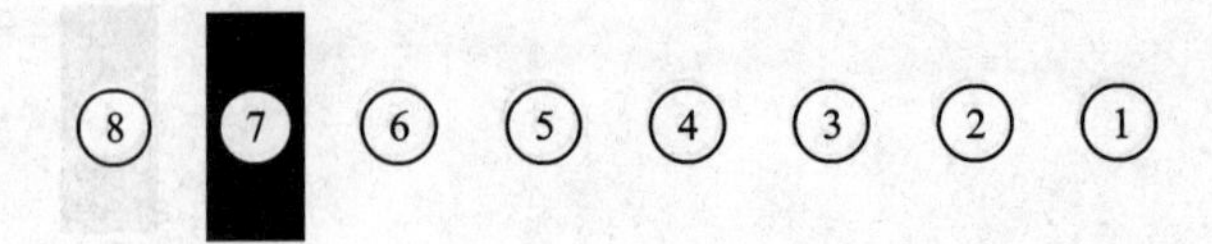

图 12.7　7 号眼在黑线上

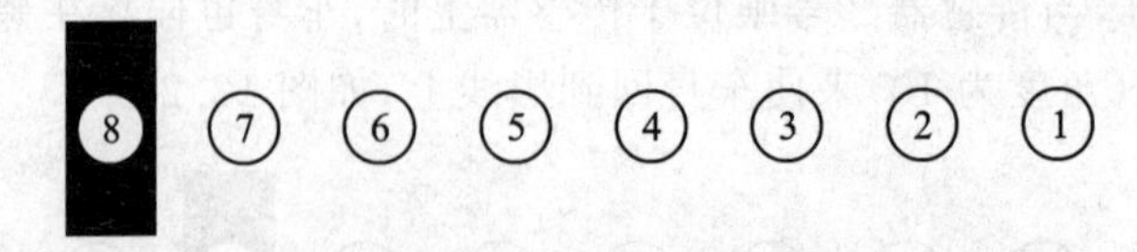

图 12.8　8 号眼在黑线上

12.2　流程图

我们用 8 个循迹传感器把赛道的信息值采集回来，根据采集的值确定小车在赛道上的位置(即路径识别)，从而确定小车的转向值，流程如图 12.9 所示。

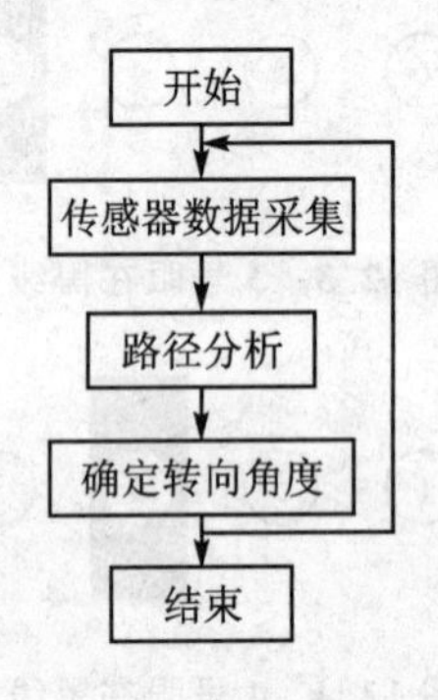

图 12.9　循迹流程图

12.3　程序编写

① 定义 8 个变量 Tur1、Tur2、Tur3、Tur4、Tur5、Tur6、Tur7、Tur8，保存 8 个传感器采集到的模拟采集值，如图 12.10 所示。

② 根据采集到的模拟信号值确定哪个传感器位于黑线上，然后根据表 12.1 确定当前的转向值，如图 12.11 所示。

③ 求出转向值，于是可以在主程序里编写如图 12.12 所示代码。

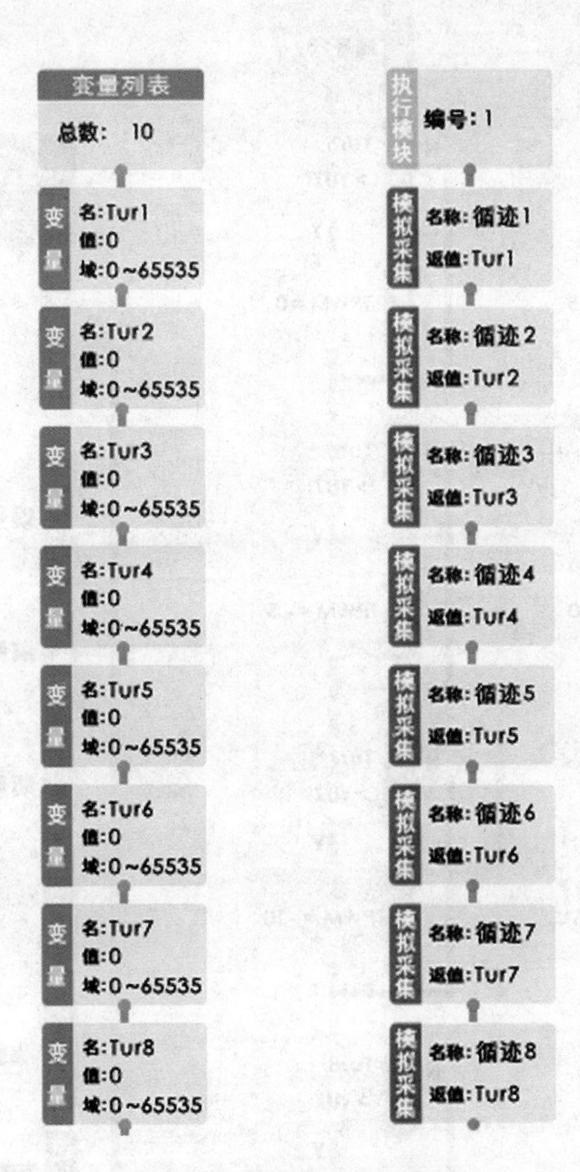

图 12.10 传感器采集与变量定义

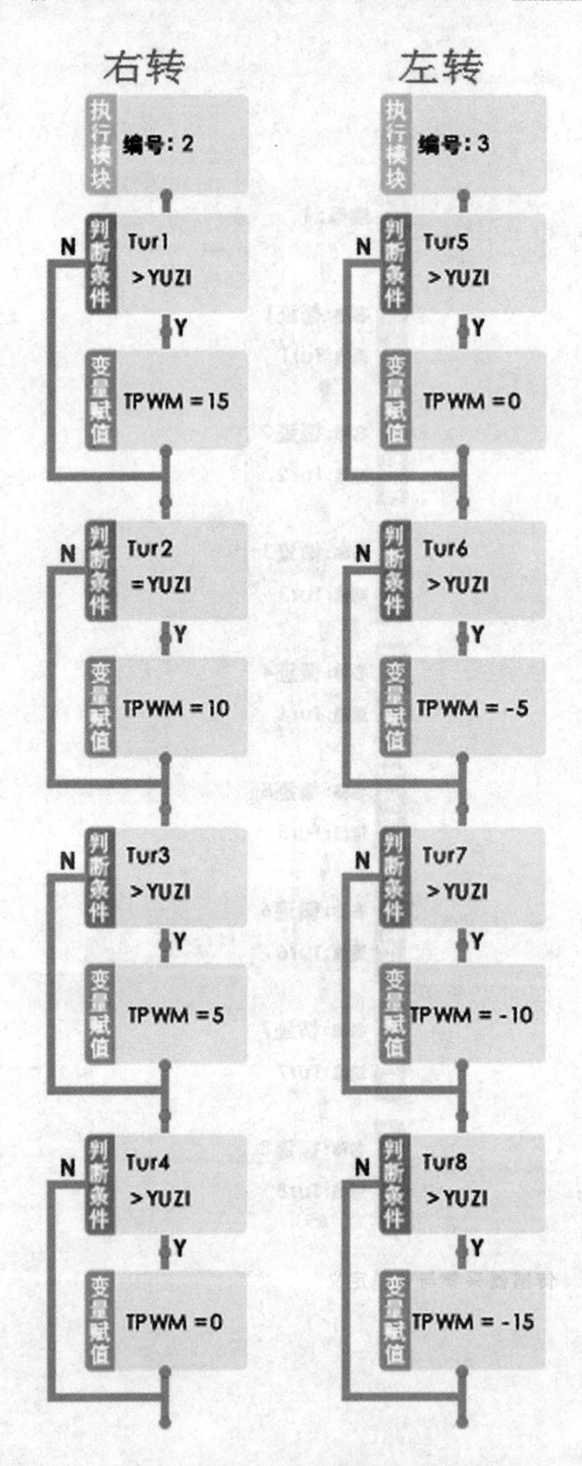

图 12.11　转向判断子程序

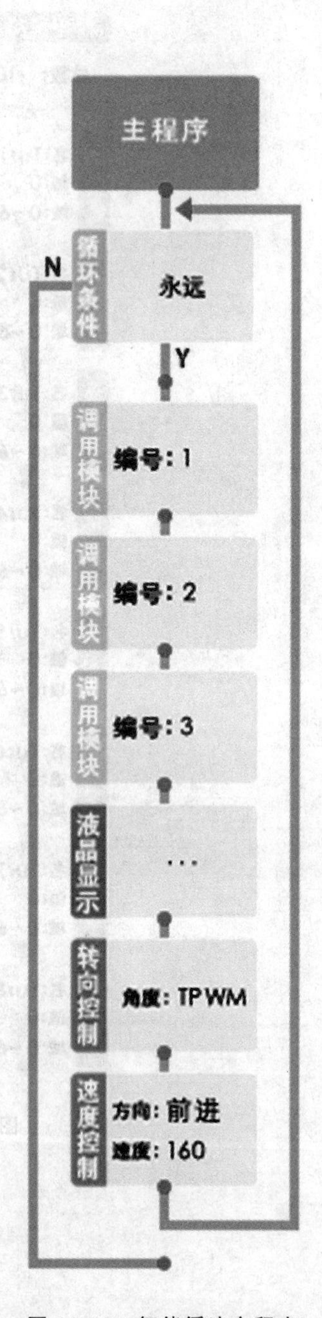

图 12.12　智能循迹主程序

练习与巩固

1. 简化循迹程序，利用传感器 1、3、6、8 来完成赛道的循迹任务。

2. 完成如图 12.13 所示赛道的循迹。注意：十字交叉部分需要添加特殊处理。

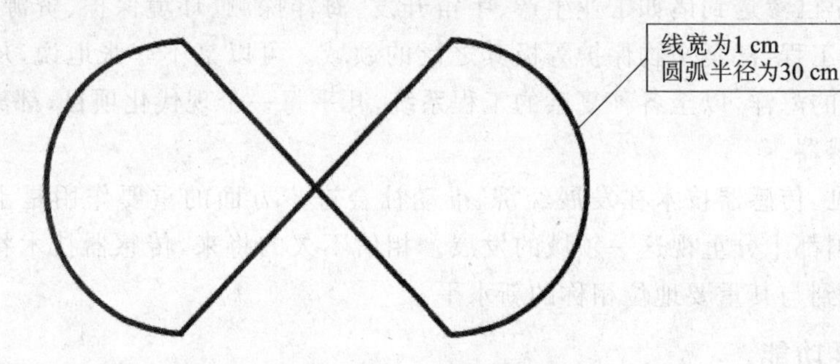

图 12.13 十字交叉赛道

拓展与提高：传感器

1. 定 义

传感器(英文名称 transducer/sensor)是一种检测装置，能感受到被测量的信息，并能将感受到的信息按一定规律变换成为电信号或其他所需形式的信息输出，以满足信息的传输、处理、存储、显示、记录和控制等要求。

2. 主要作用

人们为了从外界获取信息，必须借助于感觉器官。而单靠人们自身的感觉器官，在研究自然现象、规律以及生产活动中它们的功能就远远不够了。为适应这种情况，就需要传感器。因此可以说，传感器是人类五官的延长，又称为电五官。

新技术革命的到来，使世界开始进入信息时代。在利用信息的过程中，首先要解决的就是获取准确可靠的信息，而传感器是获取自然和生产领域中信息的主要途径与手段。

在现代工业生产尤其是自动化生产过程中，要用各种传感器来监视和控制生产过程中的各个参数，使设备工作在正常状态或最佳状态，并使产品达到最好的质量。因此可以说，没有众多的优良传感器，现代化生产也就失去了基础。

在基础学科研究中，传感器更具有突出的地位。现代科学技术的发展进入了许多新领域，例如，在宏观上要观察上千光年的茫茫宇宙，微观上要观察小到 fm 的粒子世界，纵向上要观察长达数十万年的天体演化，短到 s 的瞬间反应。此外，还出现了对深化物质认识、开拓新能源、新材料等具有重要作用的各种极端技术研究，如超高温、超低温、超高压、超高真空、超强磁场、超弱磁场等。显然，要获取大量人类感官无法直接获取的信息,没有相适应的传感器是不可能的。许多基础科学研究的障碍,首先就在于对象信息的获取存在困难,而一些新机理和高灵敏度的检测传感器的出现,往往会导致该领域内的突破。一些传感器的发展往往是一些边缘学科开发的先驱。

传感器早已渗透到诸如工业生产、宇宙开发、海洋探测、环境保护、资源调查、医学诊断、生物工程、甚至文物保护等极其之泛的领域。可以毫不夸张地说,从茫茫的太空,到浩瀚的海洋,以至各种复杂的工程系统,几乎每一个现代化项目,都离不开各种各样的传感器。

由此可见,传感器技术在发展经济、推动社会进步方面的重要作用是十分明显的。世界各国都十分重视这一领域的发展。相信不久的将来,传感器技术将会出现一个飞跃,达到与其重要地位相称的新水平。

3. 主要功能

常将传感器的功能与人类 5 大感觉器官相比:

- 光敏传感器——视觉;
- 声敏传感器——听觉;
- 气敏传感器——嗅觉;
- 化学传感器——味觉;
- 压敏、温敏、流体传感器——触觉。

敏感元件的分类:

- 物理类:基于力、热、光、电、磁和声等物理效应。
- 化学类:基于化学反应的原理。
- 生物类:基于酶、抗体和激素等分子识别功能。

通常据其基本感知功能可分为热敏元件、光敏元件、气敏元件、力敏元件、磁敏元件、湿敏元件、声敏元件、放射线敏感元件、色敏元件和味敏元件 10 大类(还有人曾将敏感元件分 46 类)。

第13课　循迹接力赛

任务导航

智能车的智能之处在于其可以自动完成各种指定的任务，而不要人为干预。那这些任务智能车是怎么样识别并一一完成的呢？本章将以一个典型的例子详细解析。

实验器材

两辆蓝宙智能车、激光传感器。

阅读与思考

任务场地由区域一和区域二两部分组成，如图13.1所示：

区域1：

① 小车1以遥控方式行驶；

② 将指定障碍物(倒扣的7 cm纸杯代替)推到得分点；

③ 发送红外信号启动二号车。

区域2：

① 小车以程控方式行驶；

② 接收1号车启动信号；

③ 完成循迹任务；

④ 完成色块识别的任务：

a. 检测到红色色块，停车2 s以上并且闪动红灯至少4次；

b. 检测到蓝色色块，停车2 s以上并且闪动绿灯至少4次。

⑤ 停车入库。

13.1　区域1任务解析

1. 重置程序

出厂时小车刷入的都是初始程序，但用户编程的过程中会重新下载程序刷掉小车中的原来程序。当用户再需要使用初始程序时，就可以使用我们的重置功能(如

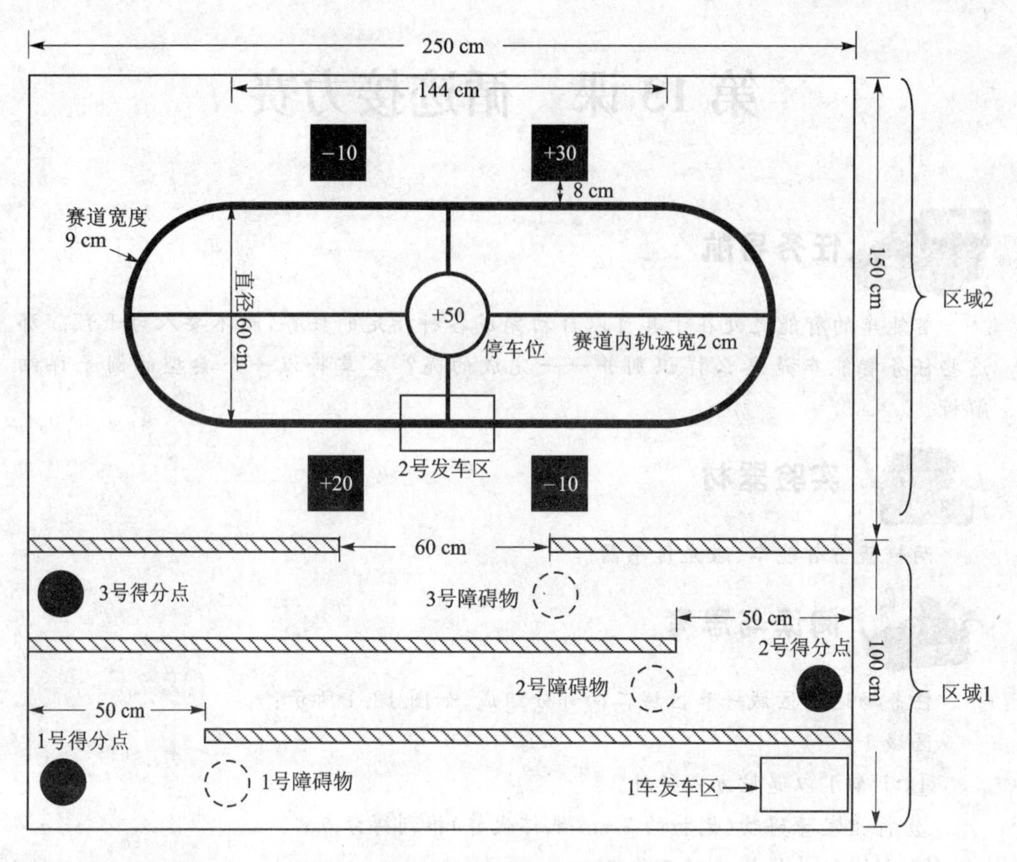

图 13.1　任务场地的组成

图 13.2 所示)来完成初始程序的下载工作(如图 13.3 所示)。

下载完重置程序之后,小车就可以使用小车标配的遥控器进行控制了。

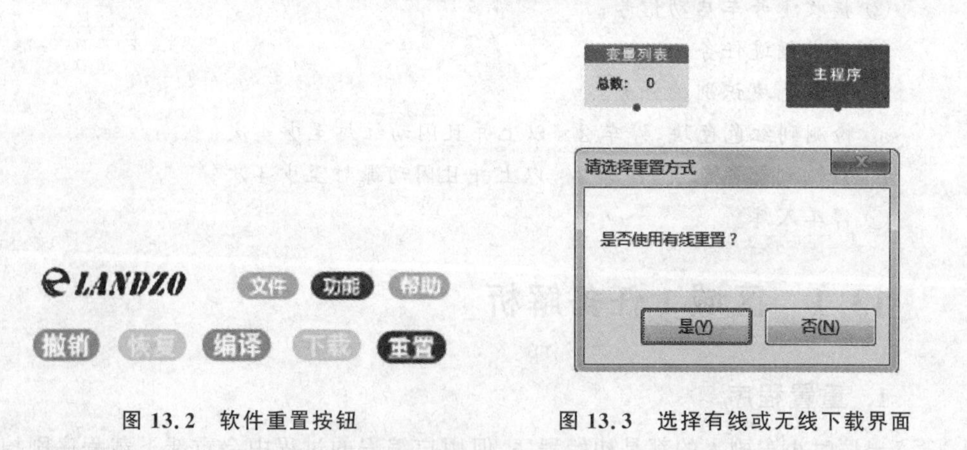

图 13.2　软件重置按钮　　　　图 13.3　选择有线或无线下载界面

2. 遥控器连接

① 打开遥控器，然后长按 BIND 键 2 s 以上松开，遥控器蜂鸣器进入间歇响起的状态(即等待配对的状态)。

② 打开小车，小车初始化完成，遥控器蜂鸣器不再响起，说明小车和遥控器配对成功。

3. 遥控器操作

遥控器(如图 13.4 所示)处于遥控状态时，用户可以使用蓝宙智能车标配的遥控器对小车进行控制。遥控器的操作说明：

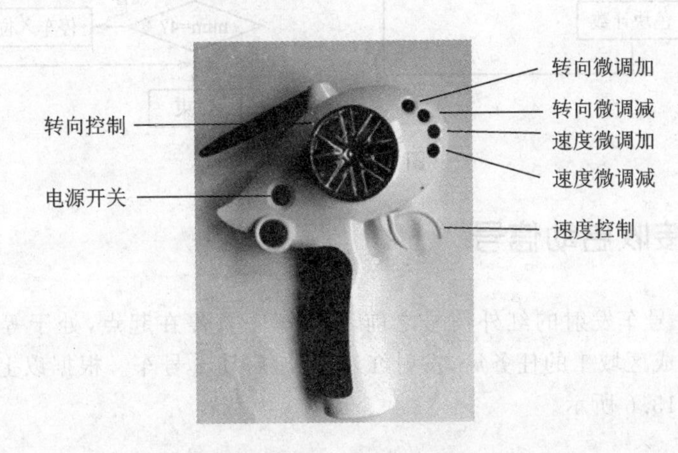

图 13.4 遥控器实物图

① 扳动“速度控制”的扳机可以控制小车的速度：向后扳动扳机可以控制小车前进，向前推动扳机可以控制小车后退，控制幅度越大速度越快。

② 转动“转向控制”的旋钮可以控制小车的转向：顺时针转动，小车向右转；逆时针转动，小车向左转。

③ 如果遇到小车前进或者后退走的是很斜的线的时候，可以调整转向微调按钮来校正：“转向微调加(ST＋)”，向右调整；“转向微调加(ST－)”，向左调整。

④ 如果调整得太乱，无法调整回开始状态，可以按下 RESET 键让遥控器恢复初始状态。

⑤ 按下 POWER 按键，小车会向外发射红外信号，这个信号可以用来启动 2 号车。

13.2 区域 2 任务解析

流程如图 13.5 所示。

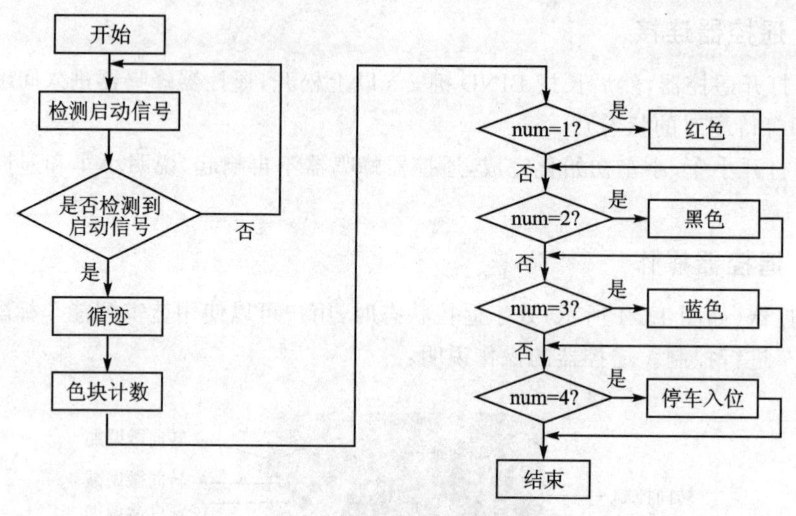

图 13.5　流程图

13.2.1　接收启动信号

接收到 1 号车发射的红外信号之前，2 号车一直停在起点，处于等待发车的状态。1 号车完成区域 1 的任务后，发射红外信号，启动 2 号车。根据以上分析可以编写程序，如图 13.6 所示。

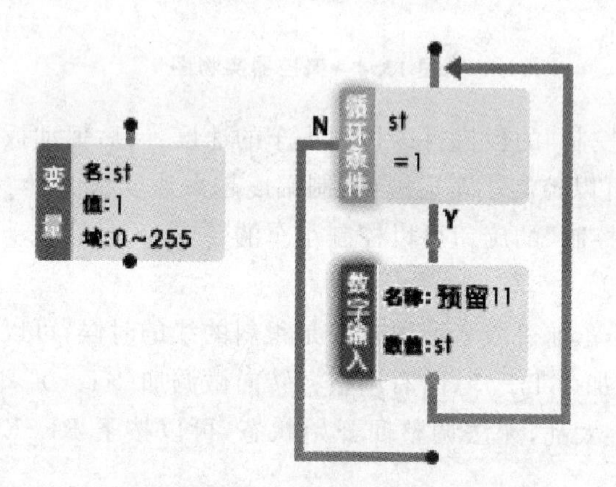

图 13.6　等待启动信号

完成如图 13.6 所示程序的步骤如下：

① 定义一个变量 st 用来保存检测起始信号的值，该值为 1，表示未检测到起始信号；该值为 0，表示检测到起始信号。

② 拖动一个循环控件连接到主程序节点上，设置为“条件循环”。循环条件为 st=1。（未检测到信号程序则一直循环在此等待。）

③ 拖动“数字输入”控件循环条件内部，设置名称为左射击检测，数值为 st。(用左侧红外接收管接收。)

13.2.2　循　迹

循迹部分程序利用小车自带的 8 路循迹传感器来完成。直接用 8 路传感器来循迹，小车当然会跑得很流畅，但是程序的编写可能就比较复杂了。所以我们先以 4 路循迹来介绍，这个程序利用的是 1、3、6、8 这 4 个传感器，步骤如下：

1. 循　迹

在第 11 课已经介绍了基本的循迹算法，小车是检测赛道内侧的黑白跳变沿来运行的。利用有几个眼在黑线上来判断小车的转向，如图 13.1 及表 11.1 所示。

2. 信号采集

信号采集程序如图 13.7 所示，实现步骤如下：

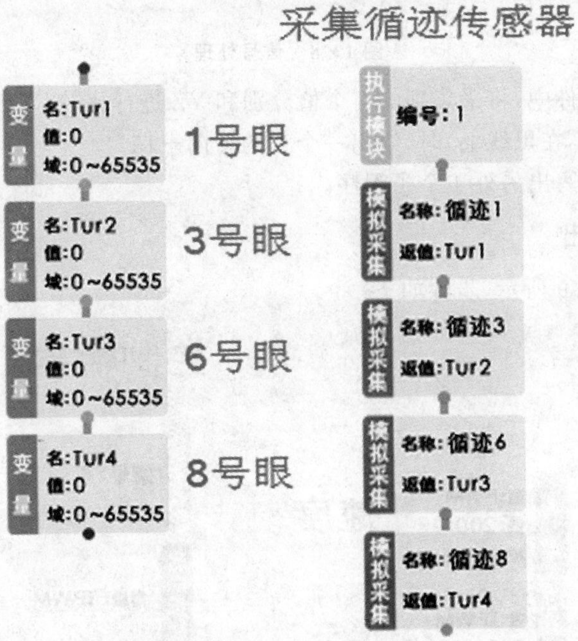

图 13.7　采集程序

① 用“定义变量”的控件定义 Tur1、Tur2、Tur3、Tur4，取值范围都设置为 0～65 535(如图 13.7)；

② 用“模拟信号采集”的控件把传感器 1、3、6、8 的值采集回来，保存到相应的变量中。

3. 信号处理

程序如图 13.8 所示,步骤如下:

① 根据循迹算法的基本思路判断有几个点在黑线上,YZ 是传感器识别黑白的分界值,定义一个变量表示,如图 13.8 所示。

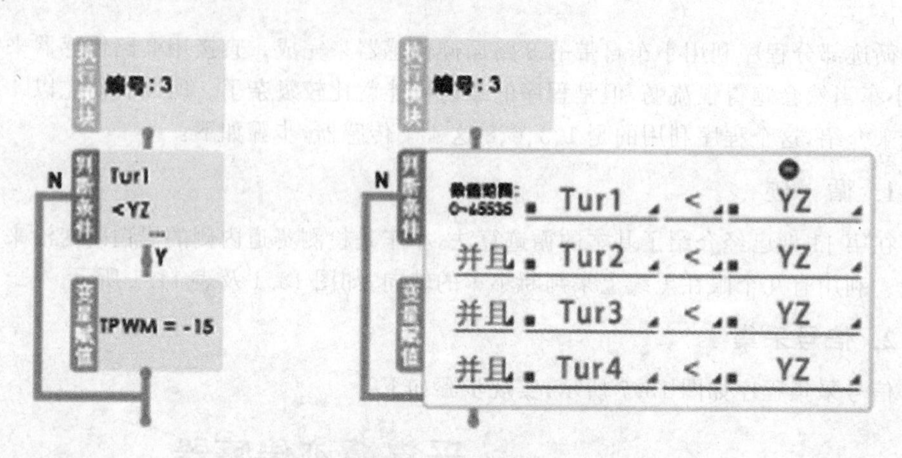

图 13.8　信号处理

② 在判断条件中,将采集到的 4 个值分别和 YZ 进行比较,判断出 4 个点都小于 YZ(即 4 个点都不在黑线上)时,给出一个大的转向－15。

③ 依次类推写出另外 4 个子程序。

4. 控制输出

程序如图 13.9 所示,步骤如下:

控制输出

变量
名:PWM
值:200
域:0~65535
速度

变量
名:TPWM
值:0
域:-32768~32767
角度

执行模块
编号:8

转向控制
角度:TPWM

速度控制
方向:前进
速度:PWM

图 13.9　控制输出

① 定义变量 PWM 和 TPWM 分别作为小车的速度和转向控制值；

② 信号处理得出的转向值直接赋给 TPWM，速度值直接赋给 PWM 即可；

③ 通过“转向控制”和“速度控制”控件来控制小车的转向和速度，如图 13.9 所示。

13.2.3 色块识别

在色块识别部分我们并没有真正地检测色块的颜色，而是用了另外一种巧妙的方法来实现，从发车区顺时针开始计数，可以看到，1 号色块是红色，2 号色块是黑色，3 号色块是蓝色，4 号色块是黑色。因此，小车只需要知道当前检测到的是第几个色块即可，并不需要知道具体色块的真正颜色。

1. 色块计数

步骤如下：

① 色块计数算法前面已经介绍，这里不再赘述。

② 在计数的基础上增加一个 flag 值，这是为了完成以下两个工作：

ⓐ 验证程序是否第一次执行对应色块的子程序。比如当 num=1 时，则认为检测到了红色色块，于是执行红色部分的子程序，但是红色部分的子程序执行完成后，小车并没有检测到下一个色块，所以 num 值并不会发生变化。于是，红色部分程序又会继续运行，小车就会一直运行红色部分子程序，停在原地闪灯。这肯定不是我们希望看到的情况，所以引入 flag 值。num 值刚发生变化时，我们把 flag 值改为 1，flag=1并且 num=1 时我们才执行红色部分程序。红色部分程序运行一次后让 flag=0，这样小车就不会一直运行红色部分程序了。

ⓑ 小车检测完 4 个色块后就需要停车入位不再启动，我们让 flag=2 表示小车永远停止不在启动。

2. 红、蓝子程序

程序如图 13.10 所示，步骤如下：

① 当 num=1 且 flag=1 时，小车认为检测到了红色色块，并且是第一次运行红色部分的子程序，如图 13.10 所示。

② 进入子程序，先用速度控制模块把速度变为 0 来完成停车的动作。然后利用次数循环来完成闪灯的动作，名称决定是要闪动红灯还是绿灯。

③ 第一次子程序执行完成后，让 flag=0 表示红色部分子程序已经执行一次，以后不再运行。

注意：蓝色部分子程序须读者参照完成。

3. 停车入位

最后的停车入位动作用 3 个动作组合完成：直行、转弯、直行，如图 13.11 所示。

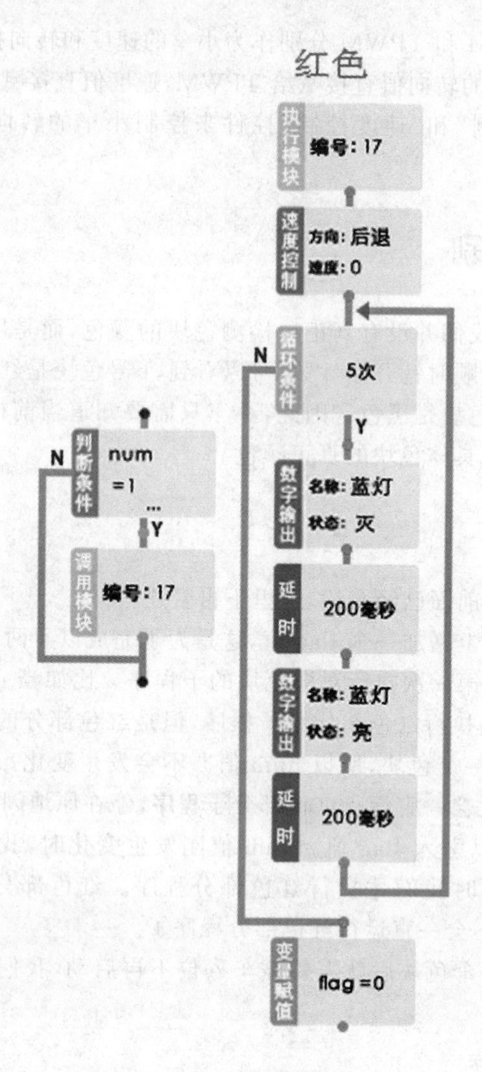

图 13.10　红色部分子程序

程序如图 13.12 所示，步骤如下：

① 由于小车的差异性和场地的摩擦力不同，我们需要反复调整 3 个延时值的大小来保证小车能准确地停车入位。

② 小车停车入位后，让 flag＝2，将小车永远停止在原地。

练习与巩固

1. 是否还有另外的方式来启动小车？
2. 用 6 路循迹来完成上面的任务。
3. 改变色块顺序，然后修改程序完成任务。

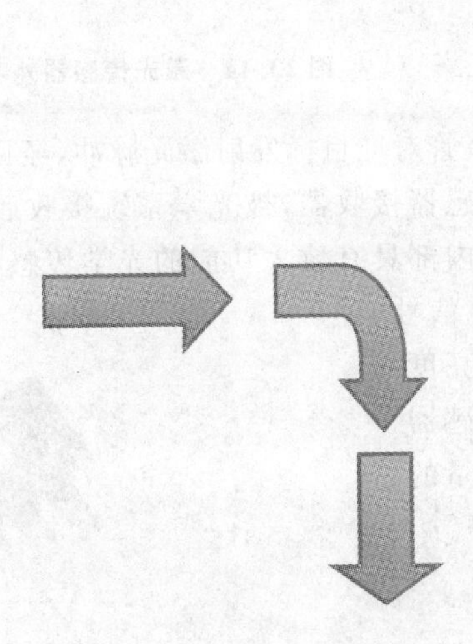

图 13.11 停车入位动作分解

图 13.12 停车入位程序

拓展与提高：传感器的应用

1. 称 重

称重传感器外形如图 13.13 所示，是一种能够将重力转变为电信号的力电转换装置，是电子衡器的一个关键部件。

能够实现力电转换的传感器有多种，常见的有电阻应变式、电磁力式和电容式等。电磁力式主要用于电子天平，电容式用于部分电子吊秤，而绝大多数衡器产品所用的还是电阻应变式称重传感器。电阻应变式称重传感器结构较简单，准确度高，适用面广，且能够在相对较差的环境下使用，因此，电阻应变式称重传感器在衡器产品中得到了广泛运用。

2. 激　光

激光传感器外观如图 13.14 所示，是利用激光技术进行测量的传感器，由激光器、激光检测器和测量电路组成。激光传感器是新型测量仪表，优点是能实现无接触远距离测量、速度快、精度高、量程大、抗光电干扰能力强等。

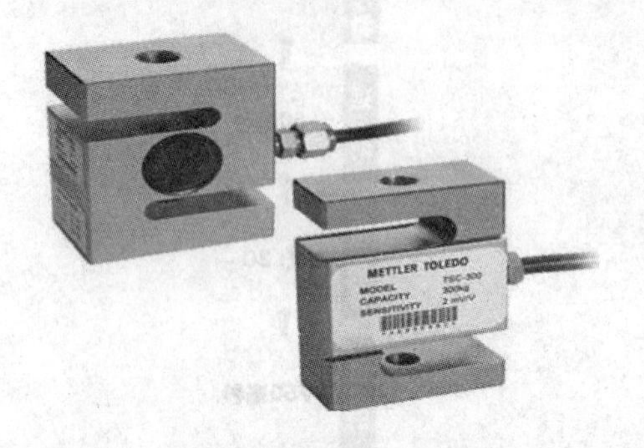

图 13.13　称重传感器外形

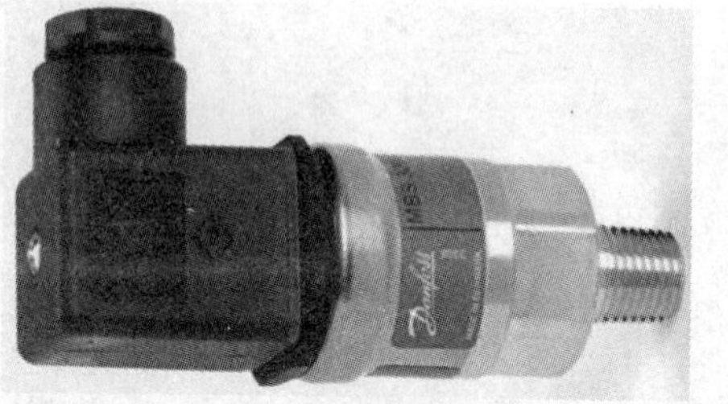

图 13.14　激光传感器外观

激光传感器工作时，先由激光发射二极管对准目标发射激光脉冲，经目标反射后激光向各方向散射。部分散射光返回到传感器接收器，被光学系统接收后成像到雪崩光电二极管上。雪崩光电二极管是一种内部具有放大功能的光学传感器，能检测极其微弱的光信号，并将其转化为相应的电信号。

利用激光的高方向性、高单色性和高亮度等特点可实现无接触远距离测量。激光传感器常用于长度、距离、振动、速度、方位等物理量的测量，还可用于探伤和大气污染物的监测等。

3. 霍　尔

霍尔传感器外观如图 13.15 所示，是根据霍尔效应制作的一种磁场传感器，广泛应用于工业自动化技术、检测技术及信息处理等方面。霍尔效应是研究半导体材料性能的基本方法，通过霍尔效应实验测定的霍尔系数，能够判断半导体材料的导电类型、载流子浓度及载流子迁移率等重要参数。

图 13.15　霍尔传感器外观

霍尔传感器分为线性型霍尔传感器和开关型霍尔传感器两种。

① 线性型霍尔传感器由霍尔元件、线性放大器和射极跟随器组成，可输出模拟量。

② 开关型霍尔传感器由稳压器、霍尔元件、差分放大器、斯密特触发器和输出级组成，可输出数字量。

霍尔电压随磁场强度的变化而变化，磁场越强，电压越高；磁场越弱，电压越低。霍尔电压值很小，通常只有几个毫伏，但经集成电路中的放大器放大就能使该电压放大到足以输出较强的信号。若使霍尔集成电路起传感作用，需要用机械的方法来改变磁场强度。图 13.16 所示的方法是用一个转动的叶轮作为控制磁通量的开关，当叶轮叶片处于磁铁和霍尔集成电路之间的气隙中时，磁场偏离集成片，霍尔电压消失。这样，霍尔集成电路的输出电压的变化就能表示出叶轮驱动轴的某一位置。利用这一工作原理，可将霍尔集成电路片用作点火时传感器。霍尔效应传感器属于被动型传感器，要有外加电源才能工作，这一特点使其能检测转速低的运转情况。

4. 光　敏

光敏传感器外观如图 13.17 所示，是最常见的传感器之一，它的种类繁多，主要有光电管、光电倍增管、光敏电阻、光敏三极管、太阳能电池、红外线传感器、紫外线传感器、光纤式光电传感器、色彩传感器、CCD 和 CMOS 图像传感器等。它的敏感波长在可见光波长附近，包括红外线波长和紫外线波长。光传感器不只局限于对光的探测，还可以作为探测元件组成其他传感器，从而对许多非电量进行检测，这里只需要将这些非电量转换为光信号的变化即可。光传感器是目前产量最多、应用最广的传感器之一，在自动控制和非电量电测技术中占有非常重要的地位。最简单的光敏传感器是光敏电阻，当光子冲击接合处时就会产生电流。

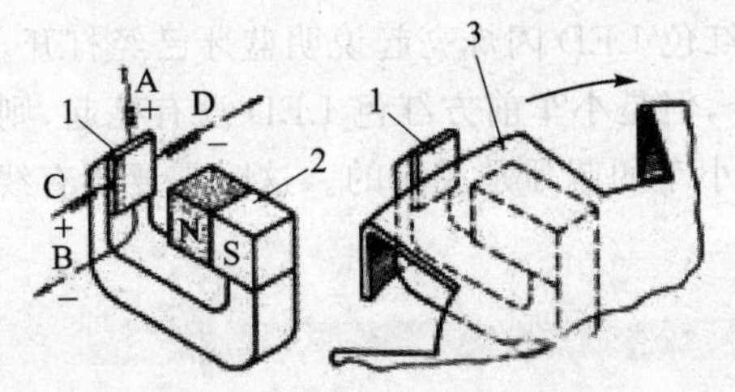

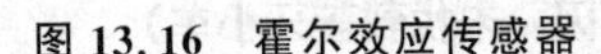
1—霍尔半导体元件；2—永久磁铁；3—挡隔磁力线的叶片

图 13.16　霍尔效应传感器

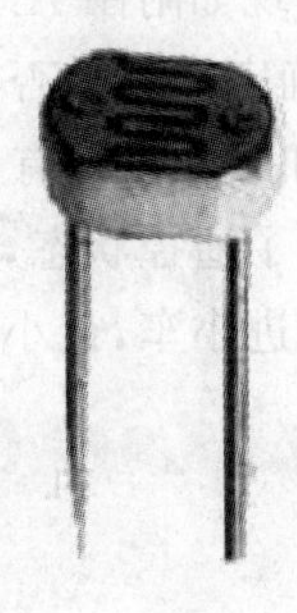

图 13.17　光敏传感器外观

附录A 常见错误分析

1. 无线下载

(1) 蓝牙设备未连接

若出现如附图 A.1 所示错误，须检查小车标配适配器是否连接到计算机上，若正常连接到计算机上，则适配器里面的红灯会亮起。

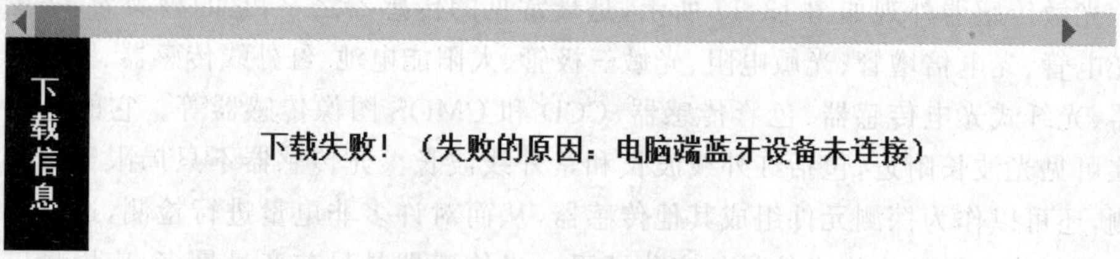

下载信息

下载失败！（失败的原因：电脑端蓝牙设备未连接）

附图 A.1 蓝牙适配器未插上

(2) 蓝牙设备未连接

若出现如附图 A.2 所示情况，则说明小车的蓝牙未打开，解决办法如下：

ⓐ 确定小车是否有电，小车前方红色 LED 闪烁亮起说明蓝牙已经打开。

ⓑ 如果小车在有电的情况下打开，但是小车前方红色 LED 没有亮起，则说明小车被刷成了遥控状态，在遥控状态下，小车的蓝牙是关闭的。这时需要用有线下载一个空程序进小车，让小车蓝牙激活。

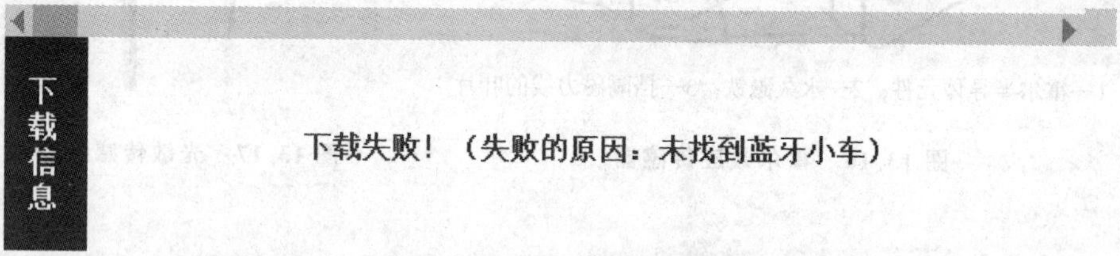

下载失败！（失败的原因：未找到蓝牙小车）

附图 A.2 蓝牙未连接

(3) 失败原因未知

若出现如附图 A.3 所示错误，则原因可能有两个：

ⓐ 计算机自身带的蓝牙干扰了蓝牙适配器的下载，可以直接禁用计算机本身自带的蓝牙（如附图 A.4 所示），然后直接使用小车标配的蓝牙适配器（不要使用自己购买的蓝牙适配器，因为驱动不一定和小车标配的相同）进行下载。

ⓑ 小车和蓝牙适配器连接信号不稳定，则可以重新启动小车，然后再次尝试下载。

下载失败！（失败的原因：未知，请重新下载）

附图 A.3　失败原因未知

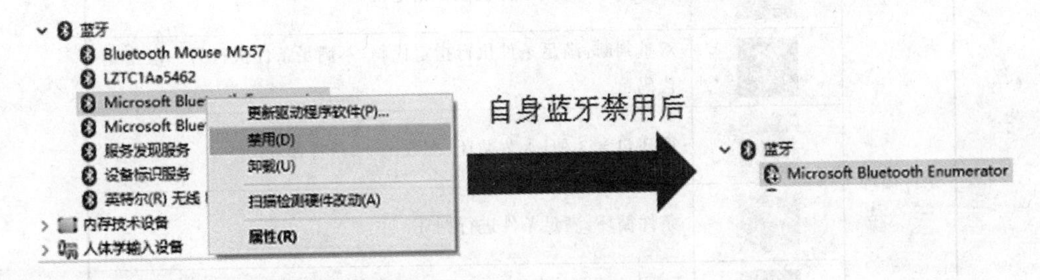

附图 A.4　禁用自带蓝牙

2. 有线下载

若出现如附图 A.5 所示错误，则要分以下几步排查问题：

下载失败！（失败的原因：驱动未安装或者下载线未连接）

附图 A.5　有线下载失败

① 小车是否通过 USB 线和计算机连接。USB 数据线连接小车下部的 USB 口，而不是扩展板上的 USB 口。

② 有线下载的驱动是否安装。根据自己的系统选择安装不同的有线下载驱动。

③ 使用的是否是 USB 数据线。小车标配的是 USB 数据线，不要随便用充电线替代它，数据线接上可以在设备管理器里面看到相应的串口，如附图 A.6 所示。

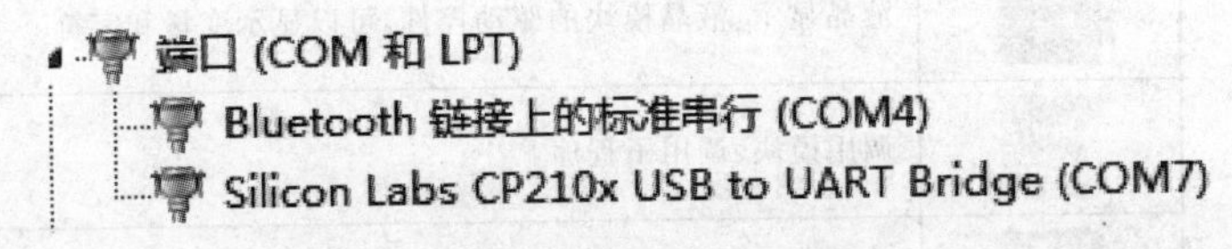

附图 A.6　设备管理器显示驱动安装后状态

附录B　编程控件汇总

类　别	图　标	内　容
条件循环	单重选择	单重判断:满足条件就执行指定代码
	双重选择	双重判断:满足条件执行指定代码,不满足条件执行另一段指定代码
	循环	循环包含3种:永久循环、次数循环、条件循环
	条件循环	条件循环:满足条件进行循环
	继续循环	继续循环:继续当前循环
	跳出循环	跳出循环:跳出当前循环
功能模块	定义变量	定义变量:保存临时值的量
	变量赋值	变量赋值:给变量赋值
	变量运算	变量运算:变量之间进行运算,有“加上”、“减去”、“乘以”、“除以”、整除、取余六种运算符
	程序注释	程序注释:解释和说明程序
	模拟信号采集	模拟信号采集:采集小车的模拟量
	速度采集	速度采集:采集小车的运行速度,目前保留
	延时	延时:程序运行或等待的时间
	液晶显示	液晶显示:液晶模块的驱动控件,可以显示变量和字符
	调用模块	调用模块:调用子程序
	执行模块	执行模块:定义子程序

续表

类 别	图 标	内 容
控制模块	速度控制	速度控制:小车速度输出的控件,速度可以在 0～1 000 之间设置,可以设置前进或者后退
	转向控制	转向控制:小车转向控制的控件,可以在－15～15 之间设置转向。负数表示右转,正数表示左转
	数字输出	数字输出:数字信号输出控件,包括:蜂鸣器、红灯、绿灯、蓝灯、右前车灯、左前车灯、右后车灯、左后车灯、循迹模块开关、无线模块开关
	数字输入	数字输入:数字信号输入控件,包括:前射击检测(和左侧激光复用)、后射击检测(和右侧激光复用)、左射击检测、右射击检测
	射击控制	射击控制:红外信号发射控件
	串口发送	串口发送:可以发送字符和数据
	串口接收	串口接收:接收数据的端口

参考文献

[1] 喻凡. 汽车系统动力学[M]. 北京:机械工业出版社,2005.
[2] 陈吕洲. Arduino 程序设计基础[M]. 2 版. 北京:北京航空航天大学出版社,2015.
[3] 郭浩中,赖芳仪,郭守义. LED 原理与应用(彩色图解版)[M]. 北京:化学工业出版社,2013.
[4] Simon Monk ,刘椮楠. Arduino 编程从零开始[M]. 北京:科学出版社,2013.
[5] 杨风暴. 红外物理与技术[M]. 北京:电子工业出版社,2014.
[6] 周炳琨,高以智. 激光原理[M]. 7 版. 北京:国防工业出版社,2014.
[7] 哈比(Pieter Harpe). 智能 A/D 和 D/A 转换(影印版)[M]. 北京:科学出版社,2013.